信息技术前沿知识干部读本

云计算

本书编写组　编著

党建读物出版社

当今世界，科技进步日新月异，互联网、云计算、大数据等现代信息技术深刻改变着人类的思维、生产、生活、学习方式，深刻展示了世界发展的前景。

——习近平

出版说明

习近平总书记强调，领导干部要加强对新科学知识的学习，关注全球科技发展趋势，要更加重视运用人工智能、互联网、大数据等现代信息技术手段提升治理能力和治理现代化水平。党的十九届五中全会明确提出要加快壮大新一代信息技术，加快第五代移动通信、工业互联网、大数据中心等建设，加快数字化发展。

为深入贯彻落实习近平总书记重要指示精神和党的十九届五中全会决策部署，我们组织编写了信息技术前沿知识干部读本系列丛书，系统介绍工业互联网、大数据、人工智能、区块链、5G、云计算等新一代信息技术，包括基本概念、技术原理、政策背景、发展现状、应用案例以及未来发展趋势等，力求帮助广大干部学好用好新一代信息技术，提升科技素养和治理能力，为推动经济社会高质量发展提供参考和借鉴。

序

云计算作为信息技术发展和服务模式创新的集中体现，经过十余年的发展，已经从概念阶段演进到产品广泛普及、应用繁荣发展、商业模式清晰、产业链条完善的新阶段，成为承载各类应用、推进新一代信息技术发展的关键基础设施，也是推进信息化和工业化融合、打造数字经济新动能的重要驱动力量。

习近平总书记多次强调云计算相关产业的重要性。2015 年 11 月，在二十国集团领导人第十次峰会第一阶段会议上他指出，"加快制造大国向制造强国转变，推动移动互联网、云计算、大数据等技术创新和应用"。2017 年 5 月，在"一带一路"国际合作高峰论坛开幕式上的演讲中他指出，"推动大数据、云计算、智慧城市建设，连接成 21 世纪的数字丝绸之路"。2020 年 3 月，习近平总书记在杭州考察调研时指出，运用大数据、云计算、区块链、人工智能等前沿技术推动城市管理手段、管理模式、管理理念创新，从数字化到智能化再到智慧化，让城市更聪明一些、更智慧一些，是推动城市治理体系和治理能力现代化的必由之路，前景广阔。党中央、国务院高度重视以云计算为代表的新一代信息产业发展，发布了《国务院关于促进云计算创新发展培育信息产业新业态的意见》等政策措施。2020年，中央密集部署新型基础设施建设，多次提到云计算建设相关内容。2020年10月，党的十九届五中全会审议通过《中共中央关于制定国民经济和社会发展第十四个五年规划和二〇三五年远景目标的建议》，再次提出加快壮大新一代信息技术、提升大数据等现代技术手段辅助治理能力等要求。

为深入贯彻落实习近平总书记重要指示精神和党的十九届五中全会决策部署，贯彻落实党中央、国务院关于发展云计算的决策部署，落实运用云计算技术推动治理能力现代化的工作要求，我们编写了《信息技术前沿知识干部读本·云计算》一书。本书对云计算的基本概念、发展现状、技术原理、云平台的建设运营、云计算产业应用和发展经验、未来发展趋势等进行了全面梳理。作为面向广大干部的科普读物，本书力求以通俗生动的语言，深入浅出地阐释云计算"是什么""有什么用""怎么用"等问题，并通过介绍大量实际案例和具体应用，为各级领导干部更好地学懂、弄通、善用云计算提供有针对性的参考，帮助广大干部提升科技素养和治理能力。

目　录

第一章 云计算概述

2006 年，美国谷歌公司最先提出云计算概念。同年，美国亚马逊公司推出弹性计算云服务 EC2（Elastic Compute Cloud）。2013 年后，全球云计算产业进入快速发展时期，各国纷纷制定国家战略和行动计划，鼓励政府用云和企业上云。随着云计算应用规模的快速增长，云计算应用成效逐步显现，云计算已经成为新型基础设施的重要组成部分。

第一节 云计算基本概念

现阶段广为接受的云计算定义是国家标准《信息技术 云计算 参考架构》（GB/T - 32399）的定义：云计算是一种通过网络将可伸缩、弹性的共享物理和虚拟资源池以按需自服务的方式供应和管理的模式。

从计算方法的角度看，云计算是分布式计算的一种，它通过网络将大量的数据计算处理程序分解成多个小程序，通过由多部服务器组成的系统处理和分析这些小程序得到结果并返回给用户。通过该技术，用户可以在几秒钟的时间内完成对海量数据的处理，提供强大的计算服务能力。

从资源利用的角度看，云计算定义了一种 IT 资源共享模型，有了它，可以方便地随时随地按需通过网络访问共享的可配置计算资源（如网络、服务器、存储、应用程序和服务）池，且只需最少的管理工作或服务提供方交互方式即可快速供应和释放这些资源。云计算有以下五方面重要特征：一是按需自助服务，用户可以根据需要供应、监控和管理计算资源；二是资源池化，IT（信息技术）资源以非专用方式为多个应用程序和多个用户所共享；三是 IT 资源可以快速按需伸缩；四是按使用量收费，系统对每个应用程序和每个用户跟踪 IT 资源使用情况并计费；五是广泛的网络访问，可以通过标准网络或者异构设备提供计算服务。

云计算的核心概念是以互联网为中心，在网络上提供快速且安全的计算服务与数据存储服务，让每一个使用互联网的人都可以使用网络上的计算资源与存储资源。云计算是继互联网、计算机后信息时代的一种革新，是信息时代的一个大飞跃。

一、云计算常用术语

云是指一个特定的 IT 环境，该环境可以远程提供可扩展和可测量的 IT 资源。IT 资源是指一个与 IT 相关的事物，它既可以是基于软件的，比如虚拟服务器或者定制软件程序；也可以是基于硬件的，比如物理服务器或网络设备。提供基于云的 IT 资源的一方称为云服务提供者或云服务提供商，使用基于云的 IT 资源的一方称为云服务用户。

（一）云服务交付模式

云计算是以服务的形式提供 IT 资源，这些服务封装了多种 IT 资源，云服务用户可以远程使用。云服务交付模型是指云服务提供者提供的事先打包好的 IT 资源组合。常见的三种云交付模式是：IaaS（基础设施即服务）、PaaS（平台即服务）、SaaS（软件即服务）。

1. IaaS（基础设施即服务）

IaaS（infrastructure as a service）交付模式提供的 IT 资源以基础设施为中心，包括服务器、存储、网络、操作系统等，这些资源可以通过基于云服务的接口或工具访问。相比于传统的主机托管，IaaS 在服务的灵活性、扩展性和成本方面具有很强的优势。IaaS 能够按需提供计算能力和存储服务，用户不是在传统的数据中心购买和安装所需的资源，而是根据需要租用这些所需的资源。

2. PaaS（平台即服务）

PaaS（platform as a service）交付模式提供可以直接使用的环境，一般由已经部署配置好的 IT 资源组成。PaaS 模式屏蔽了硬件和操作系统细节，可以无缝扩展，用户不需要关注底层设置，只需要实现自己的业务逻辑。PaaS 为用户生成、测试和部署软件应用程序提供完整环境。开发人员可以基于 PaaS 提供的框架开发或者自定义基于云的应用程序。

3. SaaS（软件即服务）

SaaS（software as a service）交付模型是指云服务提供商把

软件程序打包成共享的云服务，作为产品或通用的工具进行提供；云服务用户根据实际需求向云服务提供商订购所需的软件，并按服务数量和时长向云服务提供商支付费用。SaaS 服务通常由云服务提供商提供，云服务用户对 SaaS 服务的管理权限有限。

三种模式的区别可以用下面这个例子说明。设想你打算开一家比萨店。你可以从头到尾自己生产比萨，但是这样需要准备很多东西，因此，你决定外包一部分工作，采用他人的服务。你有三个方案。方案一：IaaS，他人提供厨房、炉子、煤气等基础设施，你自己来烤比萨。方案二：PaaS，除了基础设施，他人还提供比萨饼皮，你只要把自己的配料撒在饼皮上，让他帮你烤出来。也就是说，你要做的就是设计比萨的味道，他人提供平台服务，实现你的设计方案。方案三：SaaS，他人直接做好比萨，你拿到手的是一个成品。你要做的就是把它卖出去，最多再包装一下，印上自己的品牌标识。

（二）云服务部署模式

云部署模式表示特定的云环境类型，主要特征包括所有权、大小以及访问方式等。常见的云部署模式包括公有云、私有云、混合云、多云、边缘云等。

1. 公有云

云服务用户租用云端物理资源，对云端物理资源没有所有权；云服务提供商负责组建和管理云端物理资源并对外出租，那么这样的云端相对于云服务用户来说就是公共云。公有云中，各种类型的云服务用户共享相同的硬件、存储和网络设备，可以通过 Web（网页）浏览器访问服务和管理账户。如果拿租房子来举例，公有云就像合租公寓，各个房间通过各种方案进行隔离，设施都是公用的，费用相对较低。提供公有云服务的厂商主要有阿里云、AWS（亚马逊云服务）、Azure（微软云）、腾讯云、华为云等。公有云多适用于中小型企业，它的优势有以下四个方面。

（1）成本更低。不用购买任何硬件或软件，只需要对使用的服务付费。

（2）无须维护。维护由云服务提供商提供。

（3）伸缩性高。和私有云一样可以按需提供。

（4）高可靠性。具备大量服务器，确保免受部分机器故障影响。

但是公有云可能会遇到安全性、私密性等问题，企业的核心数据放在公有云上需要格外谨慎。

2. 私有云

私有云是为一个云服务用户单独使用而构建的。该用户拥有基础设施，可以控制在此基础设施上部署应用的方式，并可以对数据、安全性和服务质量拥有全部控制。私有云可部署在用户数据中心的防火墙内，也可以部署在一个主机托管场所。如果拿租房子来举例，私有云好比租整套房，资源独享，有很高的自由性。私有云的核心属性是专有资源，多适用于大型企业。私有云具有以下优点。

（1）数据安全。对于企业而言，业务相关的数据和对数据的管理是极其重要的，不能出现任何纰漏，而私有云构筑在防火墙后，在数据安全方面具有很大的优势。

（2）服务质量。私有云的应用服务质量稳定，不会受到广域网网络波动的影响。

（3）充分利用用户现有硬件资源和软件资源。一些私有云工具可以利用用户现有的硬件资源来构建云，从而降低企业成本。

（4）不影响用户现有 IT 管理流程。对大型企业来说，管理的核心是流程，IT 部门的流程对 IT 部门非常关键，私有云建立在防火墙内，对 IT 部门流程冲击不大。

但是私有云的费用相对较高，并且维护成本相较于公有云也不低。

3. 混合云

混合云是一种云计算模型，它融合了公有云和私有云，是两种服务方式的结合。混合云允许云服务用户在不同云环境之间共享数据和应用程序。当在私有云上运行的应用程序遇到使用高峰时，它们可以自动迁移到公有云环境以获得额外的计算容量。这被称为"云爆发"。如果拿租房举例子，混合云就像"整租＋单租"，更加灵活。混合云有以下优点。

（1）控制性。云服务用户可针对敏感资产维持私有基础结构。

（2）灵活性。云服务用户需要时可利用公有云中的资源。

（3）成本效益。混合云具备扩展至公有云的能力，因此可仅在需要时购买额外的计算能力。

（4）容易轻松。无须费时费力即可转换，可以根据时间按工作负荷逐步迁移。

混合云的缺点是开发中因基础设施之间的兼容性等问题会变得比较复杂，后期维护也需要花费更多时间和人力，要求企业具有较高的技术实力。

4. 多云

多云就是同时使用两个或多个云服务提供商的云平台，部署可能使用公共云、私有云或者两者组合的应用程序。多云架构旨在硬件或软件故障的情况下提供冗余，避免供应商的锁定。多云架构的优点有如下五个方面。

（1）防止供应商锁定。如上所述，使用多个云服务提供商可以避免"将所有鸡蛋放在一个篮子中"，以优化成本和灵活性，并降低云服务提供商的风险。

（2）提供更多选项。借助多云，您可以选择最适合支撑各个团队和部门的服务，应用程序和工作负载的云服务提供商，避免一刀切的解决方案。

（3）最大限度地降低风险。扩展您的云占用空间可最大限度地减少潜在的停机和带宽问题，同时加强灾备恢复能力。

（4）改善地理位置锁定问题。使用多个云服务提供商将为云服务用户提供更多地理定位选项，以管理延迟问题，解决数据延迟同步等问题。

（5）降低成本。与多个云服务提供商合作会增加复杂性，但可以提高用户的议价能力。

二、云计算其他相关概念

（一）边缘计算

边缘计算是指在靠近联网设备或数据源头的位置，采用集网络、计算、存储、应用核心能力于一体的开放平台，就近提供最近端服务。边缘计算处于物理实体和工业连接之间，或处于物理实体的顶端。边缘计算的应用程序在靠近数据源的边缘侧，网络服务响应更快，可以满足在实时业务、应用智能、安全与隐私保护等方面的基本需求。云计算中可以访问边缘计算的历史数据，并从传感器和智能手机等边缘设备收集数据。终端设备兼顾数据生产者和消费者，因此，这些设备和云计算中心之间的请求传输是双向的。网络边缘设备不仅从云计算中心请求内容及服务，还可以执行部分计算任务，包括数据存储、处理、缓存、设备管理、隐私保护等。因此，需要更好地设计边缘设备硬件平台及其软件，以满足边缘计算模型对可靠性、数据安全性的需求。

边缘计算有以下优点。

（1）在网络边缘处理大量数据，只需将处理后的数据上传云计算中心，这将极大减轻网络带宽和数据中心功耗的压力。

（2）在靠近数据源处理数据，减少了向云计算中心请求的网络延迟，大大降低了系统延迟，增强了服务响应能力。

（3）边缘计算场景中，用户隐私数据不再上传到云计算中心，而是存储在网络边缘设备上，降低了网络数据泄露的风险，保护了用户数据安全和隐私。

边缘计算会带来新的安全问题。分布在网络边缘的各种设备容易受到安全攻击；同时，由于边缘设备的多样性，更新和修复安全漏洞也很难快速自动完成。在边缘计算安全问题的最佳解决方案问题上，业界还没有形成共识，需要部署边缘计算的企业根据自己的特点完善相应的安全策略。

（二）雾计算

由于接入设备越来越多，在传输数据、获取信息时，带宽就显得不够用了，这就为雾计算的产生提供了空间。雾计算的概念最早由 CISCO（思科）提出，其在云和终端设备之间引入中间雾层部署运算、存储等设备。中间雾层主要面向一个较小的区域提供计算、存储、网络传输服务。对比边缘计算，雾计算更具备可扩展性，具有集中处理的设备，设想的网络是从多个端点发送数据的大的网络。如果云计算是小镇上的迎接外宾联盟，把所有厨师和材料等集中管理；那么雾计算的做法就是不同餐厅签署了合作协议，但还是在自己的餐厅做生意，并且合作餐厅的数量更多，无论是大餐厅还是小餐厅，都能够出自己的一份力量来接待客人。因为客人直接在餐厅本地用餐，所以上菜的速度更快（低延迟）；因为合作餐厅多，遍地开花（广泛的地理分布），客人们也可以很方便地就餐。图1—1是云计算和雾计算的对比图。

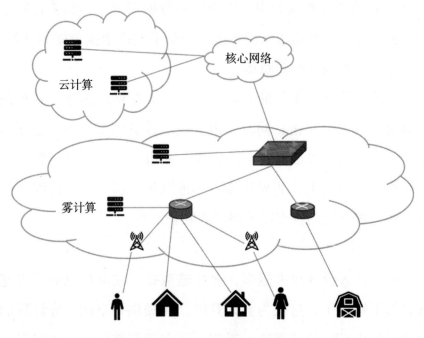

图1—1　云计算和雾计算对比图

三、各类计算对比与总结

并行计算与分布式计算都是将大任务划分为小任务，用并行处理来获得更高的计算性能。简单地说，如果处理单元共享内存，就称为并行计算，否则就是分布式计算。分布式计算的任务互相之间有独立性，一个任务的结果未返回或者结果处理错误，对其他任务的处理几乎没有什么影响。因此，分布式计算的实时性要求不高。

网格计算是分布式计算的一种。如果我们说某项工作是分布式的，那么，参与这项工作的将是一个计算机网络，这种

"蚂蚁搬山"的方式将具有很强的数据处理能力。网格计算就提供了一个多用户环境，它的实质是组合和共享资源并确保系统安全。网格计算的目标是解决对于任何单一的超级计算机来说仍然大得难以解决的问题，并同时保持解决多个较小问题的灵活性。

云计算不只是计算能力的概念，还包括运营服务等。云计算不仅包括分布式计算，还包括分布式存储和分布式缓存。分布式存储又包括分布式文件存储和分布式数据存储。云可以使用廉价的PC（个人计算机）服务器，可以管理大数据量与大集群，关键技术在于能够对云内的基础设施进行动态按需分配与管理。云计算与并行计算、分布式计算的区别，以计算机用户来说，并行计算是由单个用户完成的，分布式计算是由多个用户合作完成的，云计算是没有用户参与，而是交给网络另一端的服务器完成的。

云计算代表了一个时代需求，反映了市场关系的变化，谁拥有更为庞大的数据规模，谁就可以提供更广更深的信息服务，而软件和硬件影响相对缩小。

四、云计算的优势

与传统的网络应用模式相比，云计算具有以下优势和特点。

1. 虚拟化技术

虚拟化技术让集群不受时间和空间的限制，是云计算最为显著的特点。云服务用户应用部署的环境与物理平台在空间上没有绑定，云服务用户可以通过虚拟平台操作完成数据备份、迁移和扩展等。虚拟化技术包括应用虚拟和资源虚拟两种。

2. 动态可扩展

可以通过动态调整虚拟化的层次以达到对应用进行扩展的目的；还可以在线将新的服务器加入到已有的服务器集群中，扩展"云"的计算能力。

3. 按需部署

云服务用户部署不同的应用需要的计算和存储资源不同，云计算平台可以按照用户的需求部署相应的资源。

4. 高灵活性

虚拟化技术已经得到大部分软硬件的支持，云计算资源池利用虚拟化技术统一管理各种 IT 资源，还可以兼容不同硬件厂商的产品，兼容低配置机器和外设而获得更高计算能力。

5. 高性价比

将资源放在虚拟资源池中统一管理在一定程度上优化了物理资源，用户不再需要昂贵、存储空间大的主机，可以选择相对廉价的 PC 组成云，一方面减少费用，另一方面计算性能不逊于大型主机。

第二节　云计算发展现状

2013 年以来，全球云计算技术开始迅猛发展，各国纷纷制定相关国家战略和行动计划，鼓励政府用云和企业上云。我国的云计算产业在过去十年也得到飞速发展。这种强劲的发展势头反映了人们从传统 IT 服务向云端服务的转变，云计算技术已经深入到社会生活的方方面面。

一、全球云计算产业发展现状

从市场发展阶段来看，美国市场起步最早，发展最快。作为云计算的先行者，北美地区在云计算市场占据主导地位，2017 年美国云计算市场占据全球 59.3% 的市场份额。2019 年全球云计算市场规模达到 1883 亿美元，增速 20.86%。预计未来几年市场平均增长率在 18% 左右，到 2023 年市场规模将超过 3500 亿美元。

当今的全球云计算市场呈现出一种群雄逐鹿的格局。AWS（亚马逊云计算服务）继续主导全球云基础设施服务市场，根据国际研究机构 Gartner（高德纳咨询公司）发布的云计算市场追踪数据，AWS（亚马逊云计算服务）以 45% 的份额雄踞第一，其后分别是 Azure（微软云服务）17.9%，阿里云 9.1%，谷歌云 5.3%。

最早践行云计算技术的几家企业，如谷歌、亚马逊、微软，以及在云计算方面投入较大的公司，如 HP（惠普）、IBM 等，都是美国企业；同时，美国还有很多中小企业提供云计算产业上下游某个环节的产品服务，出现了众多可行的云计算商业模式。

（一）美国

2010 年，美国政府制定名为"Cloud First"（云优先）的云战略。这一政策为美国联邦政府各机构提供了采用基于云的解决方案的权利。但由于没有具体执行计划，各机构上云的速度很慢。2018年10月，新一届美国政府重新制定了"Cloud Smart"（云敏捷）战略，该战略让各机构采用可以简化转型并具有现代化能力的云解决方案。云敏捷专注于为联邦政府机构提供必要的工具，使其能够根据使命需求作出信息技术决策，并利用私营部门的解决方案为美国人民提供最佳服务。

目前，美国云计算产业主要有三大主流竞争阵营，互联网阵营、IT阵营和电信运营商阵营。其中，互联网阵营主要面向公有云市场，为中小企业和独立开发者提供公有云服务；IT阵营主要面向大客户，为其提供私有云产品和方案；电信运营商阵营则同时服务公有云和私有云市场，提供IaaS公有云服务、政府和行业云托管及定制服务。

（二）欧洲

欧洲的云计算企业主要是法国、德国、西班牙等国的电信运营商和服务托管商。这些云计算企业都拥有具备自主产权的云计算产品，极大地推动了欧洲云计算技术的发展及应用。在云计算应用上，欧洲因其国家的多样性，各国存在诸多经济问题、欧元问题以及数据隐私保护规则问题等，云计算应用发展速度落后于美国。欧洲企业采用基于云计算的数据基础设施的速度比世界其他地区更慢。展望未来，欧洲企业尽管在采用云计算方面落后，但在云计算未来发展的优先事项方面与世界其他国家保持一致。欧洲云计算企业在解决方案上投入了大量资金，有助于提高数据的可访问性和可用性。

（三）亚洲

近年来，亚洲各国一直致力于扩展通用宽带基础设施，建立更强大的信息通信技术产业，促进信息通信技术在所有部门的广泛使用，培养熟练的信息通信技术工作人员，并为新技术的发展创造坚实的基础设施。

新加坡云计算的发展在东南亚地区一直处于前列。2010年2月，惠普公司正式开放一家新加坡研究实验室，该实验室致力于研究企业云计算服务平台。2010年5月，IBM在全球的第11个数据中心——云计算实验室落户新加坡，以帮助企业、政府和研究机构设计和部署自己的云平台。新加坡在商业软件联盟（BSA）发布的《2018年全球云计算评分报告》（*2018 BSA Global Cloud Computing Scorecard*）中排名前10位，其卓越的IT基础设施和国家网络的发展将帮助新加坡做好云计算准备，为家庭用户提供高速光纤服务。新加坡的人力资源发展战略进一步支持云计算的发展。该战略包括许多项目，例如《信息通信人力发展路线图2.0》，旨在培养能力，为学生提供云计算知识和技能，以及为IT人员提供培训课程，帮助他们发展云计算技能。

日本云计算市场在亚洲处于领先地位，东京是世界上第5个设立"IBM云计算中心"的城市。日本非常重视数据安全和运行稳定性，其全面的现代法律、隐私政策支持了数字经济和云计算的快速发展。日本三大电信运营商均根据企业需求制定对应的云计算服务策略。IDC（国际数据公司）日本预测，日本公共云市场（涵盖 IaaS/PaaS/SaaS）规模，从 2019 年到 2024 年将达到每年 18.7% 的增长速度①。

（四）其他国家和地区

2018 年，加拿大政府发布的《云优先采用》策略提到政府部门应优先选择公有云服务，在公有云无法满足某些特定需求时可考虑私有云服务。

2018 年 2 月，智利政府发布《云优先》行政命令，其中明确了政府机构使用云服务所带来的降本增效、灵活易扩展等主要优势，要求各州政府在保证技术中立、安全、合法等原则的前提下优先考虑使用云服务。

此外，巴林、阿根廷、新西兰、菲律宾等国家也纷纷发布相关政策，要求政府机构在进行 ICT（信息通信技术）基础设施采购预算时，应优先评估使用云服务的可能性。

二、中国云计算产业发展现状

中国云计算产业起步落后于欧美地区。2015 年，中国的云计算服务市场进入高速发展期，国内 IT 企业逐步向云计算转型，对于云计算的接纳度普遍提升，对于云计算的认识从理念落到了实处。同时，传统行业受到移动互联网的影响，云服务的市场需求快速发展。在相关政策的支持下，充分释放了我国云计算市场，从而扩大了云计算市场规模。

---

① https：//www.trade.gov/knowledge－product/japan－cloud－computing。

从市场结构来看，我国云计算市场早期以私有云为主；而在全球云计算市场中，公有云占据市场主导地位。国内外云计算市场的结构差异主要来源于国内客户对云计算了解不足、云计算标准缺失、与原信息系统的兼容性问题等因素。早期大中型企业是我国云计算服务的主要用户，而出于对安全性和可控性的追求，该部分客户通常选择私有云作为其 IT 部署架构，造成了我国云计算市场中公有云的早期市场份额较少。

随着企业应用的逐渐普及，我国公有云的市场规模迅速扩大。据中国信息通信研究院统计，2019 年，我国云计算市场规模达 1334 亿元，同比增长 38.6%。从运营模式来看，2019 年，我国公有云的市场规模已反超私有云市场规模，达 689.3 亿元。至 2023 年，我国公有云、私有云的市场规模将分别达到 2307.4 亿元和 1446.8 亿元。

目前，云计算服务正日益演变成为新型的信息基础设施。据中国信息通信研究院统计，2019 年我国已经应用云计算的企业占比达到 66.1%，较 2018 年上升了 7.5%[1]。未来，在数字经济高速发展的趋势下，我国云计算行业仍将保持高速发展态势。2020 年，我国政府出台了多项政策鼓励云计算的发展。其中，工业和信息化部于 2018 年出台的《推动企业上云实施指南》中指出，到 2020 年，力争实现企业上云环境进一步优化，行业企业上云意识和积极性明显提高，上云比例和应用深度显著提升；国家发展改革委和中央网信办于 2020 年 4 月联合发布

---

① 中国信息通信研究院：《云计算发展白皮书（2020 年）》，2020 年。

的《关于推进"上云用数赋智"行动培育新经济发展实施方案》中提到，支持在具备条件的行业领域和企业范围探索大数据、人工智能、云计算、数字孪生、5G、物联网和区块链等新一代数字技术应用和集成创新，再一次明确了云计算在实现行业和企业数字化转型过程中的重要地位。

总的来说，我国云计算市场规模增长迅速，但是其体量仍与我国的经济总量并不相称。这主要是由于目前我国云计算市场用户仍以互联网原生行业（如游戏、电商、视频等）为主。该领域用户对云计算的接受与熟悉程度较高，且其自身特点也适合云计算的部署方式，因此最早完成云计算架构的部署，而金融、政府、工业等对私密性、稳定性、实时性要求较高、系统迁移难度较大的行业其整体迁移时间较晚。未来，随着国家对于云计算发展的大力支持、对物联网所产生的海量大数据的存储与分析需求不断增长，以及相关云计算技术的继续更新与优化，我国云计算产业链的下游应用市场将得到持续拓展，云计算市场亦将随之不断壮大，为相关公司带来显著成长红利。

我国云计算市场从最初的十几亿元增长到现在的千亿元规模，云计算政策环境日趋完善，云计算技术不断发展成熟，云计算应用从互联网行业向政务、金融、工业、医疗等传统行业加速渗透。未来，云计算仍将迎来下一个黄金十年，进入普惠发展期。一是随着新型基础设施建设的推进，云计算将加快应用落地进程，在互联网、政务、金融、交通、物流、教育等不同领域实现快速发展。二是全球数字经济背景下，云计算成为企业数字化转型的必然选择，企业上云进程将进一步加速。三是随着新冠肺炎疫情的出现，加速了远程办公、在线教育等SaaS服务落地，推动云计算产业快速发展。

第三节　云计算标准化情况

云计算市场已连续多年呈强劲增长趋势，随着规模的高速扩张，人们对于技术及服务层面的规范化需求也日益迫切。自2012年起，ITU－T（国际电信联盟电信标准分局）、ISO/IEC（国际标准化组织/国际电工委员会）、CNITS（全国信息技术标准化技术委员会）、CCSA（中国通信标准化协会）等国内外标准化组织相继开展云计算标准化工作，目前已发布了多项云计算标准。目前国内外已经颁布的云计算相关标准见本书附录。

一、云计算国际标准化概况

国际上主要云计算标准组织及其主要工作内容如下。

ISO/IEC（国际标准化组织/国际电工委员会）：ISO（国际标准化组织）是负责制定国际标准的独立非政府组织。ISO与IEC（国际电工委员会）联合组织了ISO/IEC JCT1联合技术委员会，负责信息技术方面的国际标准制定。在ISO/IEC JCT1中下设SC38分委员会，专门负责云计算和分布式平台的标准化工作。SC38自2009年成立以来，共制定了20余项国际标准，其中云计算概览与词汇、云计算参考架构标准被广泛采纳，并被我国国家标准化委员会采标成中国国家标准。

ITU - T（国际电信联盟电信标准分局）：主要负责确立国际无线电和电信的管理制度和标准。继成立云计算焦点组 FGCC 后又成立 SG13 云计算工作组，主要关注云计算架构体系等相关内容；SG7 工作组关注云计算安全课题。

ETSI（欧洲电信标准化协会）：成立 TC Cloud 工作组，关注云计算的商业趋势，及 IT 相关的基础设置即服务层面，输出白皮书等。

SNIA（全球网络存储工业协会）：成立云计算工作组，推广存储即服务的云规范，统一云存储的接口，实现面向资源的数据存储访问，扩充不同的协议和物理介质。

NIST（美国国家标准与技术研究院）：为美国联邦政府服务，属于美国商务部的技术管理部门。发布云计算白皮书，提出业内公认的云计算定义及架构图。

云计算国际标准化具有以下特点。

（1）私有和开源实现给标准化造成一定的困难。从目前云计算服务提供商的情况来看，对云平台的私有和开源实现仍是主导。应该说，云平台基于开源或私有技术与云计算的标准化并不冲突，因为对于标准化来说，重点应该在于系统的外部接口，而不是系统的内部实现。

（2）互操作、业务迁移和安全是标准化的主要方向。NIST（美国国家标准与技术研究院）将其云计算标准化的重点定为互操作、可移植性与安全，这可能代表了产业界对云计算标准化方向的一种共识。目前，众多标准组织都把云的互操作、业务迁移和安全列为云计算三个最重要的标准化方向。

二、云计算国内标准化概况

在我国，云计算相关的标准化工作自 2008 年底开始被科研机构、行业协会及企业关注，并成立了相关的联盟、协会及标准化工作组以开展相关的标准化工作。为支持云计算标准化工作的进行，经全国信息技术标准化技术委员会 2012 年第一次主任委员办公会审议，决定成立全国信息技术标准化技术委员会云计算标准工作组，主要负责云计算领域的标准化工作，包括云计算领域的基础、技术、产品、测评、服务、安全、系统和设备等国家标准的制修订工作。

工业和信息化部办公厅 2015 年制定印发的《云计算综合标准化体系建设指南》指出，云计算是战略性新兴产业重要组成部分，推进云计算健康快速发展，对加速产业转型升级、促进信息消费、建设创新型国家具有重要意义。依据我国云计算生态系统中技术和产品、服务和应用等关键环节，以及贯穿于整个生态系统的云安全，结合国内外云计算发展趋势，构建云计算综合标准化体系框架，包括"云基础""云资源""云服务"和"云安全"4 个部分（如图 1—2 所示）。各个部分的概况如下。

（1）云基础标准。用于统一云计算及相关概念，为其他各部分标准的制定提供支撑。主要包括云计算术语、参考架构、指南等方面的标准。

（2）云资源标准。用于规范和引导建设云计算系统的关键

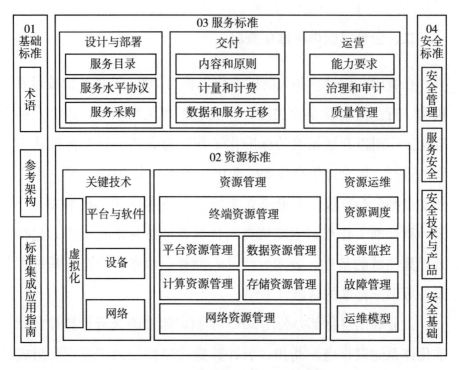

图1—2 云计算综合标准化体系框架

资料来源:《云计算综合标准化体系建设指南》

软硬件产品研发,以及计算、存储等云计算资源的管理和使用,实现云计算的快速弹性和可扩展性。主要包括关键技术、资源管理和资源运维等方面的标准。

(3)云服务标准。用于规范云服务设计、部署、交付、运营和采购,以及云平台间的数据迁移。主要包括服务采购、服务质量、服务计量和计费、服务能力评价等方面的标准。

(4)云安全标准。用于指导实现云计算环境下的网络安全、系统安全、服务安全和信息安全,主要包括云计算环境下的安全管理、服务安全、安全技术和产品、安全基础等方面的标准。

第二章　云计算关键技术

第一节　云计算的架构

云计算平台体系架构可分为核心服务、服务管理、用户访问接口三层（如图 2—1 所示）。核心服务层将硬件基础设施、软件运行环境、应用程序抽象成服务，这些服务具有可靠性强、可用性高、规模可伸缩等特点，能够满足多样化的应用需求。服务管理层为核心服务层提供支持，进一步确保核心服务的可靠性、可用性与安全性。用户访问接口层实现端到云端的访问。就像一个公司一样，用户访问接口层是连接公司和用户的纽带；服务管理层管理着公司的所有服务项目；核心服务层是公司能为客户提供的服务集合。

核心服务层通常可以分为三个子层：IaaS（基础设施即服务层）、PaaS（平台即服务层）、SaaS（软件即服务层）。

IaaS 即把 IT 环境的基础设施层作为服务出租出去。由云服务提供商把 IT 环境的基础设施建设好，直接对外出租硬件服务器或者虚拟机。云服务提供商负责管理机房基础设施、计算机网络、磁盘柜、硬件服务器和虚拟机，租户自己安装和管理操作系统、数

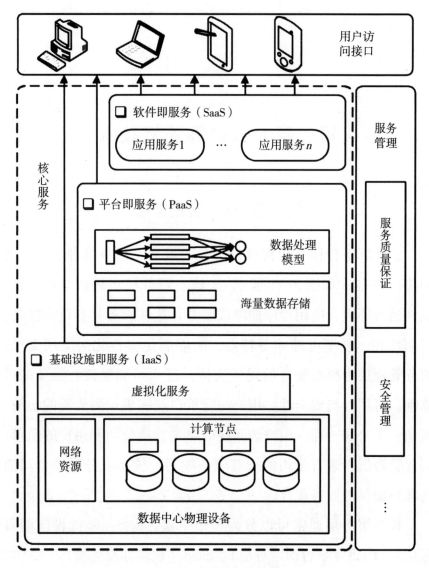

图 2—1 云计算体系架构

据库、中间件、应用软件和数据信息。IaaS 结构如图 2—2 所示。

PaaS 即把 IT 环境的平台软件层作为服务出租出去。此时云服务提供商需要把基础设施层和平台软件层都搭建好，然后在

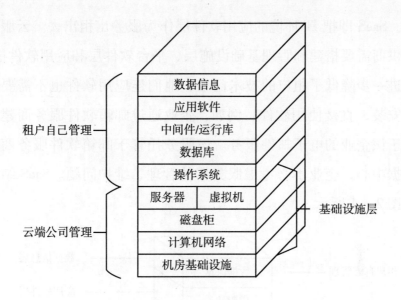

图2—2 IaaS 结构图

平台软件层上分成小块（将它称为容器）并对外出租。租户此时仅需要安装、配置和使用应用软件就可以了。PaaS 结构如图2—3 所示。

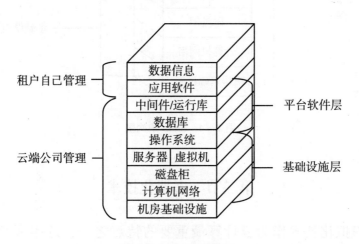

图2—3 PaaS 结构图

SaaS 即把 IT 环境的应用软件层作为服务出租出去。云服务提供商需要搭建和管理基础设施层、平台软件层和应用软件层，这进一步降低了租户的技术门槛，他们连应用软件也不需要自己安装，直接使用软件。例如，企业通过邮箱软件服务商建立属于该企业的电子邮件服务。该服务托管于邮箱软件服务商的数据中心，企业不必考虑服务器的管理、维护问题。SaaS 结构如图 2—4 所示。

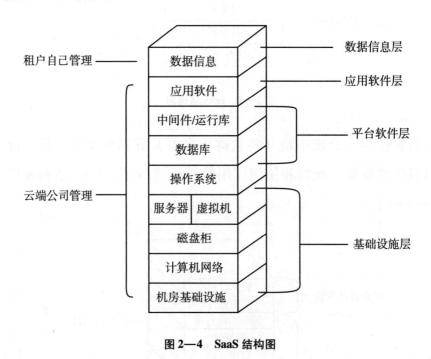

图 2—4　SaaS 结构图

第二节　虚拟化技术

虚拟化技术作为云计算最重要的特点之一，近年来发展迅速。虚拟化的优势首先在于可以极大提高云计算平台硬件资源利用率，一台超高性能的计算机可以让多个用户同时共享使用；其次是提高服务的可用性，用户可以方便地备份自己的虚拟机，发生故障时迅速将服务迁移到备份虚拟机上；此外，虚拟机技术还可以加速用户应用部署速度、降低运维成本、降低能源消耗、提供应用兼容性等。

虚拟化的思想可以追溯到 IBM 机器的逻辑分区，就是把一台机器划分成若干台逻辑的服务器，每台逻辑服务器拥有独占的计算资源（CPU、内存、硬盘、网卡），可以独立安装和运行操作系统。软件厂商 VMware 通过虚拟化软件来模拟更多的虚拟机，然后在虚拟机里安装操作系统和应用软件，可以给虚拟机灵活配置内存、CPU、硬盘和网卡等资源。比如在电脑上安装了 VMware 之后，可以在 VMware 中安装新的操作系统（如 Windows、Linux、macOS 等），在一台计算机上使用多种操作系统。

随着 CPU 发展到多核，且本身就支持虚拟化。虚拟化软件厂商推出了能运行在裸机上的虚拟化软件层，然后在虚拟化软件层上直接创建虚拟机。这样更加节省资源，可以在一台物理机（提供硬件等设备的机器，比如个人电脑就是物理机）上运行更多虚拟机。但是即使这样，如果创建过多的虚拟机，依然会造成很多计算资源的浪费。因为每一台虚拟机都需要安装和运行操作系统，启动过多虚拟机后，很难再运行应用程序，内存和 CPU 资源都用在各个操作系统上了。

云服务提供商的做法是购买若干台物理服务器和磁盘柜，

然后在服务器上安装虚拟软件层，创建虚拟机模板，同时在云端部署虚拟机管理工具和租户自助网站。

虚拟化技术有以下三个特点。

一是资源共享。虚拟机封装了用户各自的运行环境，有效实现数据中心资源的共享。

二是资源定制。利用虚拟化技术，用户可以进行个性化定制，订购所需的 CPU 数目、内存容量、磁盘空间，实现资源按需分配。

三是细粒度资源管理。物理服务器被拆分成若干虚拟机在不同用户间共享，大大提高了服务器的资源利用率，有助于服务器的负载均衡和节能。

为了进一步提升云计算弹性服务能力，满足数据中心自治性的需求，需要研究虚拟机快速部署和在线迁移技术。

虚拟机快速部署技术可以简化虚拟机的部署过程。虚拟机模板预装了操作系统与应用软件，并预先配置了虚拟设备，可以有效减少虚拟机的部署时间。

虚拟机在线迁移是指在运行状态下将虚拟机从一台物理机移动到另一台物理机。虚拟机的在线迁移对用户透明，云计算平台可以在不影响服务质量的情况下优化和管理数据中心。虚拟机迁移技术有以下三方面重要意义。

一是提高系统可靠性。当物理机需要维护时，可以将运行于该物理机的虚拟机迁移到其他物理机；或者当主虚拟机发生异常时，可以将服务无缝切换到备份虚拟机。

二是有利于负载均衡。当物理机负载过重时，可以通过虚拟机迁移达到负载均衡，优化数据中心性能。

三是有利于设计节能方案。通过集中零散的虚拟机，可使部分物理机完全空闲，以便关闭这些物理机（或使物理机休眠），达到节能目的。

第三节　容器技术

容器技术是英文 Linux Container 的直译。在 Linux 系统中，容器技术是一种隔离技术，应用可以运行在相互隔离的容器中，但共享同一个操作系统内核。容器技术的优势主要表现在以下几个方面：一是部署迅速，短时间内可以部署成百上千个应用，保证用户应用快速上线；二是简化配置过程，用户应用的运行环境可以直接打包到容器内，使用时可以直接启动；三是容器技术还具备比虚拟机开销更小、隔离性更强等特点。

容器就像 container（集装箱）一样，格式划一，并可以层层重叠。容器技术是一个可以让人们更加关注程序本身，底层多余的操作系统和环境可以共享复用的方法。这就像集装箱运载一样，如把一辆跑车（好比开发好的应用 App）打包放到一个容器集装箱里，它通过货轮可以轻而易举地从上海码头（CentOS 7.2 环境）运送到纽约码头（Ubuntu 14.04 环境）。而且运输期间，跑车（App）没有受到任何的损坏（文件没有丢失），在另外一个码头卸货后，依然可以完美奔驰（启动正常）。

容器技术指的是在操作系统层上创建一个个容器，这些容器共享下层的操作系统内核和硬件资源，但是每个容器可单独限制 CPU、内存、硬盘和网络带宽容量，并且拥有独立的 IP 地址和操作系统管理员账户，可以关闭和重启。与虚拟机最大的不同是容器里不再安装操作系统，节省了大量操作系统所占资源，同样一台计算机就可以服务于更多租户。

容器技术的发展和应用，为各行业应用云计算提供了新思路；同时容器技术也对云计算的交付方式、效率、PaaS 平台的构建等方面产生深远影响，具体体现在如下几个方面。

一是简化部署。无论服务部署在哪里，容器都可以从根本上简化服务部署工作。

二是快速启动。容器技术对操作系统的资源进行再次抽象，而并非对整个物理机资源进行虚拟化，通过这种方式，打包好的服务可以快速启动。

三是服务组合。采用容器的方式进行部署，整个系统会变得易于组合，通过容器技术将不同服务封装在对应的容器中，之后结合一些脚本使这些容器按照要求相互协作，这些操作不仅可以简化部署难度，还可以降低操作风险。

四是易于迁移。容器技术最重要的价值是为在不同主机上运行服务提供一个轻便、一致的格式。容器格式的标准化加快交付体验，允许用户方便地对工作负载进行迁移，避免局限于单一的平台提供商。

容器的应用场景有以下四种。

一是 PaaS 平台建设。在容器技术之前，构建一套 PaaS 平台面临着组件多、量级大、改造成本高等挑战，而且对于运行在不同 PaaS 平台上的应用，很难避免应用对平台的深度依赖。譬如，不同的 PaaS 平台对弹性、高可用、性能、监控、日志、版本更新等的实现方式不同，则对其应用的架构要求也不同；在编程语言和技术栈方面，也会导致应用与平台供应商的深度绑定。而容器技术的出现，很好地解决了上述问题。容器是以应用为中心的虚拟化环境，与编程语言、技术栈[1]无关，比传统 PaaS 灵活；容器对应用的支撑也比底层平台多，可以发挥微服务架构的优势；容器是基于轻量级虚拟化的技术，天生具有高密度的特性，可以更加高效地使用资源。

二是软件定义数据中心。软件定义数据中心负责将存储、计算、网络资源依据策略进行自动化调度和统一管理、编排和监控，同时根据用户需求形成不同的服务并提供计费等功能。容器技术可充分利用底层的各项计算、存储和网络资源，灵活构建容器应用，实现具备应用轻量级的容器承载能力、应用集群的松耦合[2]和资源动态弹性伸缩的能力，实现可视化运维和自动化管控的能力，实现平台自动化部署和升级的能力，从而解决容器平台对基础设施资源调用的需求，容器平台将数据中心转化成为一个更加灵活高效的业务应用平台，其开放性和兼容性契合了数据中心对异构、大规模、可移植、互操作等方面的

---

① IT 术语，某项工作或某个职位需要掌握的一系列技能组合的统称。

② 在软件领域，耦合一般指软件组件之间的依赖程度，松耦合意味着软件组件之间的依赖程度低。

需求，容器技术为云计算的实施提供了强有力的支撑。

三是容器即服务。容器技术从三个方面解决了传统 IaaS 面临的运维方面的问题。首先，容器的本质是一种操作系统级别的虚拟化，启动一个应用容器其实就是启动一个进程，因此使得容器占用空间小、资源利用率高、本身非常轻，执行起来效率较高。这些是容器技术与传统虚拟机技术的最大差别。其次，容器技术使用镜像①方式能够将应用程序和它依赖的操作系统、类库以及运行时环境整体打包，统一交付，使得运维压力大大降低。最后，容器技术与底层所使用的平台无关，容器可以在 Linux 平台各发行版本上兼容，这意味着应用架构一旦转换为容器化并且迁移部署之后，就可以在任何云平台之间无缝迁移。

四是将容器技术引入到开发和运维环节具有以下几个方面的优势：一是提供了交付环境一致性，从开发到运维的工作流程中，由于基础环境的不一致造成了诸多问题，但通过使用容器技术在不同的物理设备、虚拟机、云平台上运行，将镜像作为标准的交付物，应用以容器为基础提供服务，实现了多套环境交付的一致性；二是提供了快速部署，工具链的标准化将 DevOps②（开发运维一体化）所需的多种工具或软件进行容器化，在任意环境实现快速部署；三是轻量和高效，与虚拟机相

---

① 镜像是一种文件存储形式，是冗余的一种类型，一个磁盘上的数据在另一个磁盘上存在一个完全相同的副本即为镜像。

② Development 和 Operation 的组合词，是一组过程、方法与系统的统称，用于促进开发、技术运营和质量保障部门之间的沟通协作与整合。

比，容器仅需要封装应用及相关依赖文件，更加轻量，提高资源利用率。因此，企业通过容器技术进行 DevOps 的实践，可较好地缩短软件发布周期，提升产品交付迭代速度，提高生产效率。

第四节　微服务

微服务是一种软件开发架构，该架构将应用程序构造成为一系列松耦合的服务，每个服务运行在自己的进程中，不同服务之间使用轻量级的通信机制。微服务技术的优势在于微服务都是松耦合的，开发、部署阶段独立，局部功能更新简便，易于和第三方应用系统集成，等等。

早期软件开发过程中，一个软件应用会将所有功能打包在一起；当用户访问量变大导致一台服务器无法支撑时，后台一般增加多台服务器，并增加负载均衡算法保证每台服务器服务数量相当的用户；再后来，工程师发现可以将静态文件独立出来，通过 CDN（内容分发网络）等手段加速，提升应用的整体性能。然而这种架构还是单体应用，这种软件结构存在多种弊端：一是代码量巨大，应用启动时间很长；二是回归测试的周期很长，系统中某模块的一个小 bug 都需要整个软件进行回归测试；三是伸缩困难，性能扩展时需要对整个应用进行扩展，需要大量资源；四是开发过程难度增大，大型软件需要多个开发人员，大家需要维护同一套代码，沟通成本巨大。

微服务的诞生和互联网行业的快速发展密不可分。互联网产品通常具有两种特点：一是需求变化快，二是用户量大。在这种情况下，从系统架构出发，构建灵活易扩展的系统就成为系统架构领域的重要问题。

微服务架构的主要特点包括以下几个方面。

一是单一职责。对于每个服务来说，服务架构层面遵循单一职责原则，处理的业务逻辑单一，不同服务通过管道方式灵活组合。

二是轻量级通信。微服务架构中，不同服务之间通过轻量级的通信机制通信，交互协作。这里的轻量级通信机制，通常是指与语言、平台无关的通信机制，常见的格式有 XML（可扩展标记语言）、JSON（JS 对象简谱）等；通信协议通常基于 HTTP（超文本传输协议），服务间的通信是标准且无状态化的。REST（表述性状态传递）是目前较为流行的一种轻量级通信机制。对于微服务而言，使用与语言、平台无关的轻量级通信机制，可以使服务与服务之间的协作变得更加标准化，开发团队可以选择更合适的语言或者平台来开发服务本身。

三是独立性。独立性是指在应用的交付过程中，开发、测试以及部署的独立。传统的单体应用中，所有功能都存在于一个代码库中，修改了某个功能，很容易出现功能之间相互影响的情况，功能开发不具有独立性；测试和部署过程也存在耦合度过高的问题。在微服务架构中，每个服务都是一个独立的单元，对一个服务的改变不会对其他服务产生任何影响，服务与服务之间是隔离的。

四是进程隔离。在微服务架构中，应用程序由多个服务组成，通常情况下，每个服务都运行在一个完全独立的操作系统进程中，不同的服务可以非常便捷地部署到不同的主机上。

综上所述，微服务架构中，单一的应用程序被划分成不同的服务，每个服务都是具有某一业务属性的独立单元，能够被独立开发、独立测试、独立部署以及独立运行。

第五节　其他云计算相关技术

一、大规模数据存储和管理技术

云计算的一大优势是能够快速、高效地处理海量数据。在数据爆炸的今天，这一点至关重要。为了保证数据的高可靠性，云计算通常会采用分布式存储技术，将数据存储在不同的物理设备中。这种模式不仅摆脱了硬件设备的限制，同时扩展性更好，能够快速响应用户需求的变化。在分布式存储领域，早期谷歌的非开源系统 GFS（Google File System，谷歌文件系统）和 Hadoop 的开源系统 HDFS（Hadoop Distributed File System，Hadoop 分布式文件系统）是比较流行的两种分布式存储系统；近年来，开源分布式文件系统 CEPH 被越来越多的云平台采用，该系统的特点是较好的性能、可靠性和高可扩展性。

由于云计算需要对海量的分布式数据进行处理、分析，因此，数据管理技术必需能够高效地管理大量的数据。谷歌的 BT（Big Table）和 Hadoop 团队开发的 HBase 是业界比较典型的大规模数据管理技术。BT 的设计目的是可靠地处理 PB 级别的数据，并且能够部署到上千台机器上。HBase 在性能和可伸缩方面都有比较好的表现。利用 HBase 技术可在廉价 PC Server（PC 服务器）上搭建起大规模结构化存储集群。

二、无服务器

Serverless（无服务器）是一种软件架构，按照 CNCF（云原生计算基金会）对它的定义，无服务器架构是采用 FaaS（函数即服务）和 BaaS（后端即服务）来解决问题的一种设计。无服务器架构主要有四个方面的特点：一是实现了计算资源的细粒度分配；二是不需要预先分配资源；三是具有真正意义上的高弹性，自由扩缩容；四是按需使用，按使用计费。

三、信息安全

信息安全问题已经成为阻碍云计算发展的最主要原因之一。想要保证云计算长期稳定、快速发展，安全是首先要解决的问题。现在，不管是软件安全厂商还是硬件安全厂商都在积极研发云计算安全产品和方案。包括传统杀毒软件厂商、软硬防火墙厂商、IDS/IPS（入侵检测系统/入侵防御系统）厂商在内的各个层面的安全供应商都已加入到云安全领域。相信在不久的将来，云安全问题将得到很好的解决。

四、云计算平台管理

云计算资源规模庞大，服务器数量众多并分布在不同的地点，同时运行着数百种应用，如何有效地管理这些服务器、保证整个系统提供不间断的服务是巨大的挑战。包括谷歌、IBM、微软、Oracle/Sun（甲骨文/太阳）等在内的许多厂商都有云计算平台管理方案推出。这些方案能够帮助企业实现基础架构整合、实现企业硬件资源和软件资源的统一管理、统一分配、统一部署、统一监控和统一备份，打破应用对资源的独占，让企业云计算平台价值得以充分发挥。

五、绿色节能技术

节能环保是全球整个时代的大主题。云计算也以低成本、高效率著称。云计算具有巨大的规模经济效益，在提高资源利用效率的同时，节省了大量能源。绿色节能技术已经成为云计算必不可少的技术，未来越来越多的节能技术还会被引入到云计算中来。Carbon Disclosure Project（碳排放披露项目，简称CDP）近日发布了一项有关云计算有助于减少碳排放的研究报告。报告指出，迁移至云的美国公司每年就可以减少碳排放8570万吨，这相当于2亿桶石油所排放出的碳总量。总之，云计算服务提供商们需要持续改善技术，让云计算更绿色。

第三章　云计算平台建设与运营

第一节　云计算平台如何建设

一、云计算平台的建设原则

构建云计算平台的第一步是确定云计算基础架构，并且在云计算平台建设的整个过程中，都需要采用特定的技术进行支持，遵循一些基本的原则来设计硬件平台，使其能够达到弹性、灵活和高可靠性的目标。

云计算基础架构的实施并不是一个简单的软硬件集成项目，而是涉及企业整个 IT 战略和交付方式的改变，企业在建设云计算平台时也会遇到一系列复杂的问题，有的是采购全新的硬件平台设备，有的则是对原有系统进行整合。因此在实施云计算之前，对云计算平台进行评估和整体规划显得尤为重要，只有这样才能避免走弯路，进而充分享受到云计算带来的好处。因此，在构建云计算平台时往往有一些关于硬件考虑和选择的原则。总体来说，云计算平台建设原则主要有以下五个方面。

（一）适用性

首先，由于云计算平台往往会运行不止一个甚至不止一类应用，因此选择适用的设备是非常必要的。例如，在运行基于互联网或者小型应用时，通常采用开放的 x86 服务器架构会具有较好的适用性，但是如果需要运行某些复杂应用（如数据库、在线联机处理应用）时，这些复杂应用对稳定性和安全性的要求往往较高，这种情况下采用 Unix 服务器是更适用的选择。遵循这一原则，将帮助云计算平台实现计算能力和计算资源的优化。因此，适用性对于搭建一个成功的云计算平台来说是首要的原则。

（二）开放性

开放性是云计算平台区别于传统数据中心的一个重要特征。云计算平台运行过程中可能会陆续有不同类型的应用或服务接入，尽管在接口类型等方面有具体的标准来规范，但是采用相对主流、开放的硬件架构、操作系统，保证新增应用便捷地无缝接入是很重要的。

（三）兼容性

兼容性包括硬件系统和业务系统两个方面。硬件系统方面，硬件系统的兼容性表现在服务器接口、芯片种类、存储接口和架构等各个方面。例如，由于云计算通常都会采用虚拟化技术来实现动态管理，并提高服务器和存储利用率，但是 CPU 对于虚拟化技术的支持是有差别的，因此，就需要选择对于主流虚拟化软件兼容性较好的服务器和 CPU 来支持虚拟化的部署。同样，在网络设备中，如果要实现虚拟机跨网段的自由迁移，也需要路由器能够对这一功能具有很好的支持和兼容性。业务系统方面，云计算平台应兼容既有的业务系统，在系统迁移中对原有系统不需要进行大的改动，实现平滑迁移，从而保证关键业务连续性和控制系统迁移成本。

（四）高密度

空间日益稀缺成为数据中心面临的普遍困境，在选择云计算平台的硬件时，也需要考虑环境和空间的布置。传统的服务器，需要占用大量的机架、空间，消耗大量的电缆和辅助材料。另外，空间的占用也会带来管理的困难，增加维护成本。为了营造一个高效的云计算平台，需要在硬件搭建时考虑提高部署的密度，采用高密度计算系统就是一个不错的解决方案。

（五）绿色

绿色是数据中心永恒的话题，对于云计算平台来说，实现绿色 IT 也是一个重要的构建原则。不佳的平台将会消耗更多的服务器、存储、网络设备，从而增加提供冷却的空调数量，消耗大量的电能。其实这些电能消耗对于云计算平台来说，是完全可以通过优化设计来避免的。除了选择能耗较低的硬件产品外，在供电系统、风道、出风方式、硬件格局、运营管理等方面，也需要进行合理规划和管理。

综上，随着大规模云计算数据中心的快速发展，后期扩容及维护的难度与日激增，在设计云计算平台架构之初，充分考虑适用、开放、兼容、高密度、绿色特性已经成为共识。

二、云计算平台的建设方案

（一）云计算平台建设主要内容

云计算平台建设主要涉及硬件、软件、服务、网络和安全五个方面。

1. 硬件

云计算相关硬件包括服务器、存储设备、网络设备、数据中心成套装备等，以及提供和使用云服务的终端设备。目前，我国已形成较为成熟的电子信息制造产业链，设备提供能力大幅提升，基本能够满足云计算发展需求，但低功耗 CPU、GPU 等核心芯片技术与国外相比尚有较大差距，新型架构数据中心相关设备研发较为滞后，规范硬件性能、功能、接口及测评等方面的标准尚未形成。

2. 软件

云计算相关软件主要包括资源调度和管理系统、云平台软件和应用软件等。资源调度管理系统和云平台软件方面，我国已在虚拟弹性计算、大规模存储与处理、安全管理等关键技术领域取得一批突破性成果，拥有了面向云计算的虚拟化软件、资源管理类软件、存储类软件和计算类软件，但综合集成能力明显不足，与国外差距较大。云应用软件方面，我国已形成较为齐全的产品门类，但云计算平台对应用移植和数据迁移的支持能力不足，制约了云应用软件的发展和普及。

3. 服务

服务包括云服务和面向云计算系统建设应用的云支撑服务。云服务方面，各类 IaaS、PaaS 和 SaaS 服务不断涌现，云存储、云主机、云安全等服务实现商用，阿里、百度、腾讯等公共云服务能力位居世界前列，但国内云服务总体规模较小，需要进一步丰富服务种类，拓展用户数量。同时，服务质量保证、服务计量和计费等方面依然存在诸多问题，需要建立统一的 SLA（服务水平协议）、计量原则、计费方法和评估规范，以保障云服务按照统一标准交付使用。云支撑服务方面，我国已拥有覆盖云计算系统设计、部署、交付和运营等环节的多种服务，但尚未形成自主的技术体系，云计算整体解决方案供给能力薄弱。

4. 网络

云计算具有泛在（广泛存在）网络访问特性，用户无论通过电信网、互联网或广播电视网，都能够使用云服务。"宽带中国"战略的实施为我国云计算发展奠定坚实的网络基础。与此同时，为了进一步优化网络环境，需要在云内、云间的网络连接和网络管理服务质量等方面加强工作。

5. 安全

云安全涉及服务可用性、数据机密性和完整性、隐私保护、物理安全、恶意攻击防范等诸多方面，是影响云计算发展的关键因素之一。云安全不是单纯的技术问题，只有通过技术、服务和管理的互相配合，形成共同遵循的安全规范，才能营造保障云计算健康发展的可信环境。[1]

（二）云计算基础架构实施过程

中国云计算基础架构的实施过程主要分为五个阶段。在各阶段实施过程中需要注意的要点如下。

1. 规划阶段

将采用云计算作为企业战略问题来对待，及时引入管理层的关注与支持，并明确设置每一阶段所要实现的目标。用户需要将云计算提升到企业战略层面上进行统筹，从业务创新和 IT 服务转型的高度进行规划和部署。

2. 准备阶段

根据企业行业特性，充分认知企业用户采用云计算基础架构想要获得的服务与应用。对建设云计算平台进行充分评估，以选择云计算平台的技术架构。用户还应充分考虑业务和行业特征以及现有平台状况，充分评估系统迁移的可行性，保证基础架构平台的技术连续性和核心业务的连续性。

3. 实施阶段

企业级虚拟化是云计算的基础。构建支持异构平台，满足安全性、可靠性、扩展性和灵活性等各方面要求的企业级虚拟化平台是建设云计算的必由之路。

4. 深化阶段

在基础架构虚拟化的基础上，用户还要实现自动化的资源

---

[1] 《工业和信息化部办公厅关于印发〈云计算综合标准化体系建设指南〉的通知》（2015 年 10 月）。

调配。云计算基础架构不仅是平台的虚拟化，还需要自动化的监控和管理工具对虚拟资源进行调配。

5. 应用和管理阶段

开放性是云计算的基本特征，云计算平台应能提供标准的API（应用程序接口）并很好地兼容现有应用。企业应谨慎选择供应商，优先考虑致力于构建开放生态系统的合作伙伴。企业的应用移植是渐进的过程，云计算基础架构应该支撑企业的核心应用，而并不仅仅是新增需求。同时，建设云计算平台是个闭环的过程，并不是一蹴而就的，企业需要对云计算平台进行不断改进。[①]

第二节　云计算平台如何管理

云计算平台的管理主要包括日常管理和维护两部分。平台管理的基本目的在于保证系统服务的稳定性。云计算平台可以对用户的资源使用情况进行全面的整理与分析，将用户的管理开销以及与管理供应商的交互情况降到最低，从而帮助用户实现网络资源的高速配置与释放。云计算的这种特性使其在业界受到了广大用户的青睐。

云运维管理对象包括计算、存储、网络资源及云资源管理平台，各类云服务支撑系统和云服务系统（如云桌面、云呼叫中心等），云接入能力及云用户。OSS（云运营支撑系统）包括

---

① IDC（国际数据中心）：《中国云计算基础架构建设指南》，2012 年。

云资源运维管理、云服务开通管理、云服务保障管理、特定云服务运维管理及云合作运维管理等功能（常见的云运维管理体系结构如图3—1所示）。其中，云资源运维管理是为了支持资源的运行状态监控、服务开通等，而负责对物理资源、虚拟资源、云平台系统的信息、关系、拓扑结构以及分配策略等进行管理（云资源运维管理功能体系结构如图3—2所示）；云服务开通管理负责服务策略管理、服务的部署和自动化处理；云服务保障管理负责云资源运行状态监控、问题管理、事故管理和服务等级协议管理；云合作运维管理负责云服务提供商的运营支撑系统、业务支撑系统与合作伙伴的管理和业务能力之间的协作；特定云服务运维管理是在通用的云运维管理的基础上对云桌面、云呼叫中心等特定云服务的运维管理，配置CMDB

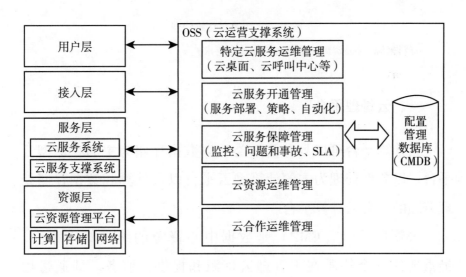

图3—1　云运维管理体系结构

资料来源：《云资源运维管理功能技术要求》

（管理数据库）存储运维相关的各种配置信息。运营支撑系统与被管理的对象之间通过接口进行管理信息的交互。[①]

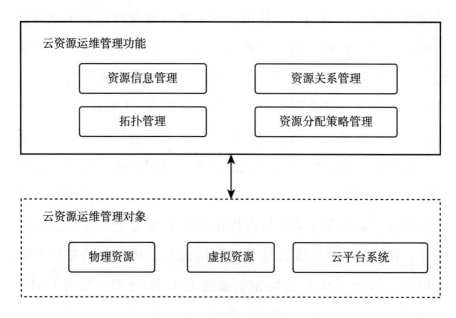

图 3—2　云资源运维管理

资料来源：《云资源运维管理功能技术要求》

一、云管理平台

云计算平台可以划分为 3 类：以数据存储为主的存储型云平台、以数据处理为主的计算型云平台以及计算和数据存储处理兼顾的综合云计算平台。

云管理平台（CMP）是数据中心资源的统一管理平台。最重要的两个特质在于管理云资源和提供云服务。即通过构

---

① 工业和信息化部：《云资源运维管理功能技术要求》，2016 年。

建基础架构资源池（IaaS）、搭建企业级应用/开发/数据平台（PaaS），以及通过面向服务的架构整合服务（SaaS）来实现全服务周期的一站式服务，构建多层级、全方位的云资源管理体系。目前流行的开源云平台有 CloudStack、OpenStack、Eucalyptus 和 OpenNebula。

选择云管理平台主要有四种考量：一是系统的稳定性、可靠性和安全性，这是 IT 决策者在选择云管理平台时最重要的衡量标准之一；二是兼容性，是否可以和现在的虚拟化平台兼容；三是是否有完整的生命周期管理；四是是否便于管理。

总的来看，云计算平台的管理可以分为资源管理和综合管理。其中综合管理包含调度管理、监控管理、日志管理、用户管理等。云资源管理平台系统由综合管理平台和一个或多个资源管理平台组成（以下简称分平台）。

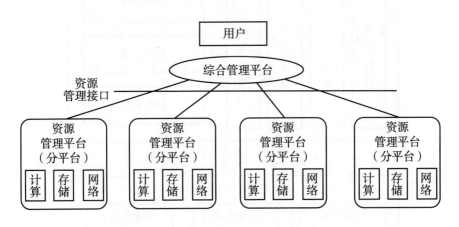

图3—3 云资源管理平台系统架构图

资料来源：《云资源管理技术要求 第3部分：分平台》

分平台负责本系统范围的各类 IT 资源系统或设备，接收并执行来自综合管理平台的指令，根据指令完成资源部署、资源操作等任务，并向综合管理平台上报资源计算信息，同时为分平台的管理人员提供系统配置、监控、统计分析、门户、资源管理等功能。

综合管理平台分为门户、用户管理、调度管理、资源管理、监控管理、日志管理、统计分析和系统管理等功能模块。

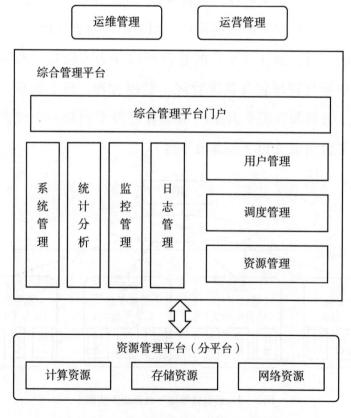

图 3—4　综合管理平台功能架构图

资料来源：《云资源管理技术要求　第 3 部分：分平台》

综合管理平台门户是指向综合管理平台系统管理员提供用户访问系统相关管理的人机操作界面和访问入口。

用户管理是指完成用户的注册、注销、用户信息修改、密码修改、密码重置、用户状态设置、用户信息查询等操作。

调度管理分为调度策略管理和资源调度管理。资源调度管理是指，云平台系统中有不同领域、混合厂商的 IT 设备和虚拟资源，有着各自不同的管理工具。需要提供资源部署的自动调度，能够根据管理员的设置，实现所需资源的自动选择、自动部署。替代容易出错的人为操作，加速系统之间的流转，大幅提升服务执行效率，提高结果的可靠性，更快、更好地完成任务。调度管理实现弹性、按需的自动化调度，能够根据服务和资源制定调度策略，自动执行操作流程，实现所需资源的自动选择、自动部署。

监控管理是指系统对各类设备及资源进行监控，提供对各类设备和资源的故障监控、性能监控、自动巡检等功能。系统提供最小粒度的关键性能监控，从而了解关键性能的变化情况。功能包括设备和资源性能信息采集、设备和资源告警信息采集、告警信息预处理、告警处理、告警展现、故障检出规则（基于告警信息分析得出故障结论的规则）管理、故障分析、故障定位、自动巡检等。

日志管理是指系统记录所包含的所有物理机资源、虚拟机资源、存储资源、网络资源、各类资源的工单和用户的数量历史信息及其当前的基本信息。

统计分析是指提供各类资源及综合管理平台各类信息的数据搜集、存储以及展示等功能，提供各种统计报表和分析报告。

系统管理包括权限管理、访问控制、密钥管理、日志分析、安全审计、安全补丁、病毒查杀等功能。

二、云计算平台监控

由于云资源体系十分庞大，需要运维人员时刻掌握每项资源的运行状态，仅凭借人工操作无法全面保障云平台的运行安全性，需要借助相应的监控技术才可以达到以上目的。其主要的监控内容有以下几个方面[①]。

物理资源监控。云平台需要大量的硬件设备提供支持，通过监控技术可以掌握物理资源的运行情况，在硬件出现故障时可以展开精准判定，从而加强对物理资源的维护工作。

性能指标监控。通过利用迁移技术，例如监控系统检测到某个硬件性能不足时，为了避免影响其正常业务开展，可以将虚拟资源迁移到性能更好的硬件上，从而保证业务正常开展。

资源容量监控。在虚拟机创建时无法一次性完全分配各项资源，而是随着虚拟机在运行中逐渐进行资源优化，这就要对各类资源容量进行监控。

满足企业对业务连续性的高要求，秒级监控、真实压测是企业级云平台的必备能力。

---

① 张洪波：《云计算服务平台的运行和维护方案研究》，《数字通信世界》2018年第12期，第255—256页。

云计算方兴未艾，运维管理作为云计算的天然组成部分，越来越显示出其重要性，成为云计算核心竞争力之一。

第三节　云计算平台如何使用

一、政府客户

我国政府针对云计算应用发展形势也提出紧随时代格局的发展要求，基于云计算的电子政务建设在我国的信息化建设大潮中居于非常重要的关键位置。

电子政务云是为政府部门搭建一个底层的基础架构平台，把传统的政务应用迁移到平台上，去共享给各个政府部门，提高它的服务效率和服务能力。考虑到电子政务系统在安全方面的特殊要求，电子政务云更适合选择私有云。

电子政务云的服务对象以内部机关为主，具体包括经济建设机构、经济管理机构、社会管理机构、党群政务机构和直属机构，其体系架构如图3—5所示。①

1. 根据政府部门的特殊性，部署电子政务云遵循"顶层设计优先"原则

电子政务云的部署和建设是一项系统工程，涉及部门多，建设周期长，管理和技术层面相当复杂，因此做好总体设计和规划是至关重要的。部署电子政务云应采取增量优先、先易后

---

① 云宏：《云计算如何运用在政府行业——解决方案》，https：//blog.csdn.net/gcttong00/article/details/78716096。

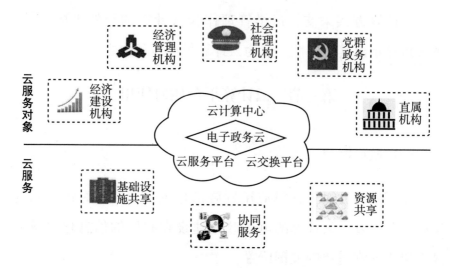

图3—5　电子政务云体系架构

难、先共性后特殊的原则，"增量优先"是指将那些新建、改造的电子政务系统部署到电子政务云平台；"先易后难"是指技术上实施起来最简单，部门间协调起来最容易；"先共性后特殊"是指业务性质上先迁移各部门共有的对象，再迁移具有特殊要求的对象，安全上先考虑对安全要求不高的对象，再考虑对安全要求高的对象。

2. 以 IaaS 为切入点，平滑向 PaaS 和 SaaS 演进

电子政务资源共享分为基础设施、信息资源和应用三个层次的共享，资源共享的核心问题是共享资源的管理与对外服务，而云计算 IaaS、PaaS 和 SaaS 三种模式正好解决用于电子政务资源三个层次的管理与服务问题。

使用政务云平台，可以降低电子政务成本，提高电子政务部署效率，降低信息共享和业务协同难度，降低系统维护

难度。

各级政府及公共服务部门都拥有自己的 IT 服务部门，自己维护服务器。政府 IT 应用环境普遍存在电子政务资源利用率低、资源需求分裂、信息系统重复建设、系统环境管理难、工程建设管理难、建设周期过长等问题。

如果政府机构能够普遍采用云计算，将大大降低政府预算，节省开支。主要有以下两方面原因，一是因为云计算技术进一步成熟，安全性得到保障，政府工作人员和公众理解和接纳程度很高；二是政府在大力推进机构改革，精简政府机构，减少政府开支，云计算可以很好地减少政府在 IT 方面的开支。

二、企业客户

对于企业客户来说，首先是从设计理念上看，云计算平台的设计理念是针对失败，而不是依靠硬件来保证可靠性。针对失败的设计理念，是指假定硬件不可靠，通过架构和技术设计来保障业务的高可用性和高可靠性。以存储系统为例，可靠性方面，传统方式是通过 RAID（独立磁盘冗余阵列）等硬件冗余机制来实现数据的可靠性，但在云存储中是通过多份拷贝的分布式机制来实现数据的高可靠性；可用性方面，传统方式是通过高性能的硬件来保障可用性，但在云平台系统中，业务可用性是通过监控机制和实例重启来实现的。

其次是把应用改造成松耦合的结构。松耦合结构能够摆脱对操作系统、硬件等的依赖，让应用能够在异构平台上部署和使用，在规模上能够做到伸缩自如。

再次是把串行工作并行化，让单位处理量变小，从而可以使用普通设备高效地处理数据。同时，优化存储系统，根据数据特点选择不同存储方案，例如，使用块存储来存储关系型数据库数据，使用对象存储来存储富媒体数据（图像、视频等）。这些措施可以提升系统总体性能和效率，优化成本结构。

云计算平台涵盖很多领域，包括众多技术，单独一个能力团队研发出完整可靠可用的云计算平台并非一件易事，通常需要寻找一个有云平台成功实施经验的团队来完成。以某云服务提供商工业协同平台 IMC 在模具行业的应用为例。

基于模具行业面临的一系列问题，某云服务提供商联合模具行业领先的合作伙伴 A 集团，提供了针对该行业的工业协同 IMC 解决方案，前端对企业业务进行统一管理、实现统一登录和业务监控，后端通过 ROMA（应用与数据集成平台）打通应用和数据孤岛，连接 IT（信息技术）与 OT（操作运营技术），感知数据；兼容旧系统中核心资产的同时，实现新应用和旧系统的连接；帮助企业在持续创新的过程中，构建可平滑演进的企业 IT 架构，最终实现智能化升级。

设计仿真工具、调度平台等部署在云端，A 集团的设计人员可通过 Web 页面登录设计仿真平台提交和管理设计和仿真任务，快速获得弹性、可靠、安全的设计仿真服务。设计仿真应用可流畅运行在某云服务提供商上，并获得高性能应用架构的支持。该方案有效支撑了 A 集团跨地域的研发团队的协同，以及 A 集团与外部企业的研发协同。

通过在某云服务提供商上构建研发设计协同平台，模具企业可以实现设计仿真 SaaS，避免高昂的硬件设备投入；可以实现按需使用，有效降低软件购置成本，提高资金利用率，解决移动办公问题；基于公有云平台，可以连接和打通多个企业的信息系统，解决研发协同和数据共享问题；可以有效提高数据安全性，保护知识产权。

第四节　云计算安全

使用云计算存在着安全威胁和挑战，不同云平台服务部署模式和服务类别的安全要求也大相径庭。由于云计算具有分布式和多租户性质，远程获取云计算服务司空见惯，且每一程序所涉实体众多，因此，云计算比其他范式更易受到内部和外部安全威胁的影响。安全涉及和影响云计算服务的诸多方面，因此，对与云计算服务相关的资源进行安全管理是云计算的一个至关重要的方面。

在将企事业单位的信息通信技术基础设施过渡到云平台系统之前，潜在的云服务客户应确定其安全威胁和安全挑战。根据这些威胁和挑战，应明确一系列安全能力。有关这些能力的具体要求，需要根据对已明确的威胁和挑战做出的风险评估，提出实施具体云计算服务的相关能力要求。

在风险评估基础上，云服务客户可确定是否采用云计算，并就服务提供商和架构作出知情决定。应通过采用信息安全风险管理框架（如《ISO/IEC 27005：2008 信息安全技术风险管理》确定的风险管理框架）进行上述风险评估。

参考《ITU－T X. 1601 云计算安全框架》（*Security framework for cloud computing*）和《YD/T 3148－2016 云计算安全框架》等国际国内行业标准规范，这里主要介绍云计算安全框架的相关概念、组成部分和关键技术。

这里我们对安全威胁和安全挑战做出区分。安全威胁与攻击（主动攻击和被动攻击）相关联，但也与环境故障或灾难有关。安全挑战是由自然或云服务操作环境产生的困难。如果安全挑战不能得到正确应对，则可能为威胁的产生打开方便之门。

这里介绍的框架方法用于确定在减缓云计算安全威胁和应对安全挑战方面，需要对其中哪些安全能力做出具体规范。

一、云计算的安全威胁

（一）安全威胁概述

威胁会对诸如信息、程序和系统等资产带来潜在危害，因此也会对组织造成潜在危害。威胁可源于自然，可由人为造成，可以是意外性质，也可以是故意所为。威胁可来自组织内部或外部，威胁也可被归类为意外威胁或有意威胁、主动威胁或被动威胁。

所遇到的具体威胁在很大程度上取决于选定的特定云服务。

例如，对于公共云而言，威胁可源自云服务客户和云服务提供商之间的职责分工：具体规定对数据和程序的管辖权方面的复杂性、数据保护的一致性和充分性以及隐私的保护等。然而，对于私有云而言，威胁则更易于解决，因为云服务客户控制着由云服务提供商托管的所有租户。威胁是否具有相关性取决于特定云服务。

这里主要阐述云计算环境中可能出现的多种不同安全威胁。

（二）云服务客户的安全威胁

下述威胁直接影响到云服务客户。这些威胁可能影响云服务客户的个人或企业利益、隐私、合法性或安全。并非所有云服务客户都将受到所有威胁的影响，云服务客户的性质不同以及所使用云计算服务的不同决定了风险不是等同的。例如，具体针对商业视频文档代码转换的云服务并不要求保护个人可识别信息，但却强烈要求保护数字资产。

1. 数据丢失和泄露

由于云服务环境通常为多租户环境，因此，数据丢失或泄露对云服务客户是一项严重威胁。不能恰如其分地管理加密信息（如加密密钥）、认证代码和接入特权，可能会带来诸如数据丢失和向外界意外泄露数据的极大损害。例如，造成这一威胁的主要原因可能是认证、授权和审计控制不足、加密和/或认证密钥的使用不统一、操作失败、处理不当、数据中心的可靠性以及数据恢复情况，且这些与下文将提及的丧失信任、丧失管理和丧失隐私等挑战相关联。

2. 不安全的服务获取

身份证书（包括云服务客户管理员的身份证书）在高度分布的云计算环境中尤其易于被未经授权的用户加以利用，这是因为云计算不同于传统电信环境，常常难以依赖地点（如有线网络）或特定硬件元素的存在（如 SIM，即移动签约用户身份模块）来强化身份认证。由于多数服务为远程提供服务，因此，未得到保护的连接存在潜在漏洞。即使连接得到保护或为局部连接，其他攻击方式（如网上钓鱼、欺诈、社交工程和软件漏洞的利用）也可能获得成功。如果攻击方获得用户或管理员的证书，则他们可以对活动和交易进行偷听、操纵数据、返回虚假信息，并将云服务客户的客户机指向非法网站。密码常常被重复用于多个网站和服务，这就加大了此类攻击的影响，因为任何一种单一破坏都会使诸多服务面临风险。云计算解决方案还在此之上增加了一种新的威胁：云服务客户的账户或服务实例可能变成攻击者的新基地。攻击者可以此为起点，充分利用云服务客户的声誉和资源发起后续攻击。

3. 内部威胁

只要涉及人，就总是存在个人以与服务安全不一致的方式行事的风险。云服务客户雇员共用"管理员"密码、不能安全保管证书（如将证书写在贴在屏幕上的便签上）、用户（或消费者群体中的成员）粗心大意或训练无素、心怀不满的雇员的恶意行为等始终会带来重大威胁。

（三）云服务提供商的安全威胁

云服务提供商面临的安全威胁可能影响到云服务提供商提供服务、开展业务、保留客户并避免法律或监管困难的能力。对特定云服务提供商的威胁也取决于其具体提供的服务和环境。

1. 未经授权的管理获取

云计算服务包括方便云服务客户自身员工管理由云服务客户掌控的云计算服务部分的接口和软件成分，如增加或消除云服务客户雇员账户、与云服务客户的自身服务器进行连接，改变服务能力、更新域名系统（DNS）条目和网站等。这种管理接口可成为攻击者选定的目标，攻击者可假冒云服务客户管理员对云服务提供商发起攻击。由于此类云计算服务必须能够由云服务客户自身员工获取，因此，保护这些服务就成了云计算安全的主要关切。

2. 内部威胁

只要涉及人，就总是存在个人以与恶意或粗心大意方式行事的风险，使服务安全受到威胁。云服务提供商雇员共用"管理员"密码、不能安全保管证书（如将证书写在贴在屏幕上的便签上）、粗心大意或训练无素的用户、心怀不满的雇员的恶意行为始终会对企业造成重大威胁。云服务提供商特别需要认真考虑其自身雇员的可信任性。即使对雇员进行过很好的鉴别，也总是会有技能娴熟的入侵者成功获得云服务提供商数据中心员工的位置。这种入侵者可能企图破坏云服务提供商本身，或打算渗透目前得到支持的特定云服务客户系统，当云服务客户是高度知名的公司或管理机构时尤其如此。

二、云计算的安全挑战

安全挑战包含产生于自然或云服务操作环境的困难，而非安全威胁，挑战包括间接威胁。间接威胁是指云服务参与者面临的可能对其他方带来有害后果的威胁。这里确定的挑战如不能得到适当应对，则可能为威胁打开方便之门。在考虑云计算服务时，应对这些挑战做出考虑。

（一）云服务客户的安全挑战

这里主要阐述与环境困难相关的安全挑战或间接威胁，这些可能会直接威胁云服务客户的利益。

1. 职责分工不明确

云服务客户通过不同类别服务和部署模式消费所提供的资源，因此，客户自建的信息通信系统依赖于这些服务。在云服务客户与云服务提供商之间缺乏明确职责分工可能会带来理念和操作方面的冲突。如果有关所提供服务的合同相互矛盾，则会导致异常现象或事件的发生。例如，在国际范围内，哪个实体是数据控制方，哪个实体是数据处理方可能并不明确。

由于法律和监管要求，任何相关疑虑（如特定云服务客户或云服务提供商是数据控制方，还是数据处理方）都会导致上述各方需遵守的一套规则出现歧义。如果不同管辖机构对此做出不同解释，则特定云服务客户或云服务提供商会发现他们在相同服务或特定部分数据方面面临相互矛盾的规则。

2. 丧失信任

由于云计算服务具有黑盒（black-box）特点，因此，云服务客户难以确定对其云服务提供商的信任程度。如果无法以正式方式获得并认可提供商的安全水平，则云服务客户无法评估提供商所实施的安全水平。这种有关云服务提供商安全水平认可的缺乏可能成为一些云服务客户在使用云计算服务方面的一项严重安全威胁。

3. 丧失管理

云服务客户决定将其部分 ICT（信息通信技术）系统过渡到云计算基础实施上意味着由云服务提供商部分掌控其自身系统，这可能对云服务客户的数据造成严重威胁，特别在涉及提供商的作用和所获得的特权时。如果与此同时还不明确了解云计算提供商的做法的话，则可能会出现配置失当，甚至方便不怀好意的内部人员发起攻击的情况。

一些云服务客户在采用云计算服务时，可能担心失去自身对由云服务提供商托管的信息和资产、数据存储、对数据备份的依赖（数据保留问题）、业务连续性计划措施和灾难恢复等的控制。

例如，云服务客户出于法律原因可能希望删除某一文件，但云服务提供商却保留了云服务客户并不知情的副本；云服务提供商赋予云服务客户管理员超出后者政策允许的特权；一些云服务客户可能担心云服务提供商向外国政府透露其数据。

4. 侵犯隐私

当云服务提供商处理私密信息时，可能对隐私造成侵犯，从而违反了相关隐私规则或法律，其中包括泄露私密信息，或处理私密信息的目的并非为云服务客户和/或数据主体所授权的目的。

5. 服务的不可用性

可用性并非为云计算环境独有，但由于云计算设计原理是面向服务的，因此，如果上游云计算服务不能完全得到提供，则服务提供可能受到影响。此外，由于云计算的依赖性是动态变化的，因此为攻击者带来了更多的可能性。例如，对一个上游服务发起的拒绝服务攻击可能影响同一个云计算系统中的多个下游服务。

6. 锁定一家云服务提供商

高度依赖单一一家云服务提供商会使由另一家云服务提供商取而代之的努力更加困难。如果云服务提供商依靠非标准功能或格式、且不提供互操作性的话，即会出现这一情况。倘若被锁定使用的云服务提供商不能解决安全漏洞，则上述情况会变成一种安全威胁，从而使云服务客户在面临风险时无法迁移至另一家云服务提供商。

7. 盗用知识产权

当云服务客户的代码由云服务提供商运行或其他资产由后者存储时，则存在该资料被泄露给第三方或被盗用（用于未经授权的用途）的挑战。这其中可包括侵犯版权或暴露商业秘密。

8. 丧失软件完整性

一旦云服务客户的代码由云服务提供商运行，则该代码可能被修改或感染，而云服务客户却无法对此直接掌控，从而使其软件在某种程度上行为异常。尽管这种可能性无法由云服务客户控制，但它却可严重影响到云服务客户的声誉和业务。

(二) 云服务提供商的安全挑战

这里阐述可能会使云服务提供商利益受到更多直接威胁的与环境困难相关的安全挑战或间接威胁。

1. 职责分工不明确

可在云计算系统中确定不同作用（云服务提供商、云服务客户以及云服务伙伴）。职责分工不明确涉及诸如数据拥有、接入控制或基础设施维护等问题，这些会影响到业务或带来法律争端（特别是在涉及第三方或云服务提供商同时也是云服务客户或云服务伙伴时）。当云服务提供商跨多个管辖区开展工作和/或提供服务（合同和协议可能以不同语言拟就或属于不同法律框架）时，这种职责分工不明确的风险进一步加大。

2. 共享环境

云计算在很大范围内实现大量数据共享，因此可节约成本，但这种情况也使诸多接口面临潜在风险。例如，不同云服务客户同时消费同一个云的服务，由此，云服务客户可在未得到授权时接入租户的虚拟机器、网络流量、实际/剩余数据等。这种对另一家云服务客户资产的未经授权或恶意接入可能使完整性、可用性和保密性受到危害。

例如，多个共同托管在一个物理服务器上的虚拟机器既共享 CPU（中央处理单元），也共享由管理程序予以虚拟化的内存资源，由此产生的挑战涉及管理程序隔离机制的失效，从而方便了对其他虚拟机器的内存或存储器进行未经授权的访问。

3. 保护机制之间的相互矛盾和冲突

由于云计算基础设施呈非集中架构，因此，其分布式安全模块之间的保护机制可能相互矛盾。例如，由一个安全模块拒绝的接入可能获得另一个模块的许可，这种相互矛盾可能为得到授权的用户带来问题，或可能被攻击者利用，从而使保密性、完整性和可用性受到危害。

4. 管辖冲突

云中的数据可在数据中心之间、甚或跨国境移动。在不同托管国，数据可能受不同适用管辖区的规管。例如，诸如欧盟等一些管辖区要求对个人可识别信息进行广泛保护，这些信息通常不能在无法实现足够程度保护的地方处理。又如，一些管辖区可能将作为服务的通信（CaaS，通信即服务）作为不受监管的信息服务处理，而其他管辖区则将其作为受监管的电话服务予以处理。这种管辖冲突可能带来法律方面的复杂性。

5. 演进风险

云计算的一个优点是从系统设计阶段到实施阶段可推迟某些选择，这意味着，只有当要求采用系统相关依赖软件组件的功能得到实现后才选择和实施这些成分。然而，传统的风险评估方法不再适应这种动态演进系统的需求。在设计阶段已通过安全评估的系统在其后期寿命期可能出现新的漏洞，因为软件成分发生了变化。

6. 迁移和集成过程风险

向云系统进行过渡往往意味着需要移动大量数据并对配置做出重大修改（如网络寻址）。将一部分 ICT（信息通信技术）系统过渡到外部云服务提供商可能要求在系统设计方面做出重大改变（如网络和安全政策）。互不兼容的接口或相互矛盾的政策执行所引起的不良集成可能会带来功能性和非功能性方面的影响。例如，在专用数据中心防火墙后运行的虚拟机器可能在云服务提供商的云中被意外暴露给开放的互联网。

7. 业务中断

云计算对资源进行分配并将其作为服务予以提供。整个云计算生态系统由多个相互依赖的部分组成，任何一个部分的中断（如断电、拒绝服务或延误）都可能影响到云计算的可用性，并随后导致业务中断。

8. 云服务伙伴的锁定

云服务提供商的平台是利用来自多家不同供应商的软件和硬件成分构建的，一些成分可能包含对云服务提供商有用的专用功能特性或扩展。然而，依赖这些专用功能特性限制了云服务提供商采用另一家部件供应商服务的能力。

虽然锁定是一个业务问题，本身并非安全威胁，然而，该问题有时会带来安全方面的担忧。例如，如果提供关键部件的云服务伙伴停业，则可能无法进一步提供安全补丁。如果部件出现漏洞，则减缓该风险会异常困难或代价高昂。

9. 供应链漏洞

如果通过云服务提供商供应链提供的平台硬件或软件威胁到云服务客户或云服务提供商的安全，则前者会面临风险（如意外或有意引入恶意软件或可被利用的漏洞）。

一个有说服力的例子便是云服务伙伴的不良代码。如果云服务伙伴的代码由云服务提供商运行，如客户界面、虚拟机器、客户操作系统、应用、平台部件或审计/监测软件（如伙伴提供服务审计），则存在这一安全挑战。

另一个示例是云服务提供商运行由云服务伙伴提供的代码。如果伙伴不能及时提供必要的安全更新，则云服务提供商面临风险。

10. 软件依赖

如发现漏洞，可能无法立即应用更新，因为如此行事会破坏其他软件成分（尽管这些成分可能并不要求更新）。如果由一家或多家云服务伙伴而非云服务提供商本身提供的成分之间相互依赖，则这种情况会更为明显。

（三）云服务伙伴的安全挑战

云服务伙伴面临的安全挑战可能影响到云服务伙伴开展业务、获得付款、保护其知识产权的能力。特定云服务伙伴面临的安全挑战取决于其具体的业务和环境，如开发、集成、审计或其他方面。

1. 职责分工不明确

如果服务中混合运行云服务提供商和云服务伙伴代码，则云服务客户不能明确了解由谁负责减缓风险和处理安全事件。通过技术分析可能十分难以确定应负责的实体，这会使云服务提供商和云服务伙伴就责任问题相互指责，且如果不能找出根源则会使情况进一步恶化。

2. 盗用知识产权

当伙伴提交代码或其他资产由云服务提供商执行时，则存在该材料被泄露给第三方或被盗用（用于未经授权的用途）的安全挑战，其中可能包括侵犯版权或泄露商业秘密。

3. 丧失软件完整性

一旦伙伴的代码由云服务提供商运行，则该代码可能被修改或感染，而云服务伙伴却无法对其直接掌控，从而使其软件在某种程度上行为异常。尽管这种可能性无法由云服务伙伴控制，但它却可严重影响到其声誉和业务。

三、公有云安全

（一）公有云安全概述

公有云指云计算基础设施由某一组织所拥有，通过网络向公众提供 IaaS、PaaS、SaaS 等 IT 能力的云部署模式。公有云可能存在的突出的安全风险包括：数据的非授权使用及清除导致的数据丢失和泄露、共享环境的隔离失效、不安全的 API（应用程序编程接口）等。

公有云服务具有共享性资源服务特征，因此存在一定的安全性问题，如多客户端访问增加数据被截获的风险。数据截获的风险体现在以下四个方面。

1. 运维流量遭到威胁

公有云场景下运维的变化在于运维通道不在内网，而是完全通过互联网直接访问公有云上的各种运维管理接口，造成运维管理账号和凭证泄露的风险。

2. 运维管理接口暴露面增大

起初黑客需要入侵到内网才能破解运维管理接口的密码，而现在公有云上的用户一般都是将 SSH、RDP 或其他应用系统的管理接口直接呈现在互联网，导致运维管理接口暴露面增大。

3. 账号及权限管理困难

用户共享系统账号密码，均使用超级管理员权限，存在账号信息泄露和越权操作风险。

4. 操作记录缺失

公有云中的资源用户可通过管理控制台、API、操作系统、应用系统多个层面进行操作。如果没有操作记录，一旦出现被入侵或内部越权滥用的情况将无法追查损失和定位入侵者。

一系列安全问题导致用户对公有云服务产生质疑，因此未来公有云服务提供商将结合公有云服务的特点和安全需求，致力于在加密技术、信任技术、安全解决方案和模式上投入更大研发力量，以获取突破性发展。未来，公有云服务提供商将在安全管理平台以及恶意软件检测应用中投入大量资金和科研力量。目前，托管安全服务提供商可为缺乏安全保护手段的企业提供外包安全服务，以保障企业信息安全。未来，加强网络安全的建设将是整个公有云行业关注的重点领域。

（二）公有云安全基线要求

结合云计算技术架构特性，公有云安全基线要求应覆盖以下七部分。

1. 数据安全

包括对数据传输、存储、查看、分析处理等方面的安全要求，同时涉及数据备份恢复等方面的要求。

2. 应用安全

指云平台上应用程序的安全，包括服务商或用户开发的应用程序。

3. 网络安全

指云服务端的网络安全，包括安全域划分、访问控制、安全边界防护和攻击防范等方面。

4. 虚拟化安全

指虚拟机和虚拟化平台在隔离、配置与加固、虚拟资源监控管理等方面的安全要求。

5. 主机安全

指云服务端各类服务器的安全，包括安全配置与加固、访问控制、攻击防范、恶意代码防范等方面。

6. 物理安全

指底层物理设备及其所处环境设施的安全保护和控制。

7. 管理安全

包括安全管理的各项措施要求。

（三）公共云计算基础设施即服务的安全

IaaS（基础设施即服务）是基于云数据中心基础设施及专业服务能力，向客户提供按需租用的共享或独享的 IT 基础资源（计算、存储、网络等）租用服务，具有快速部署、按需租用、自助服务等特点，是目前云计算的典型应用。开展 IaaS 业务，首先必须解决安全问题，因为安全性是客户选择云计算应用时的首要考虑因素，也是云计算实现健康可持续发展的基础。公共云计算 IaaS 将 IT 基础设施虚拟化之后通过网络提供给客户，其除了面临和其他信息系统固有的基础支撑设施安全、数据安全等安全问题外，主要面临因虚拟化应用导致的安全威胁。

四、混合云安全

随着企业将更多的业务托管于混合云之上，保护用户数据和业务变得更加困难。本地基础设施和多种公、私有云共同构成的复杂环境，使得用户对混合云安全有了更高的要求。混合云安全能力体现在以下几方面。

1. 网络和传输安全

通过安全域划分、虚拟防火墙、VXLAN 等软件定义网络进行网络隔离，避免不同平面的网络间相互影响；通过 HTTPS 等安全通信协议、SSL/TLS 等安全加密协议保证传输安全；通过 VPN/IPSec 和 VPN/MPLS 等安全连接方式保证网络连接的可靠性；通过安全组、防火墙、IPD/IDS 等保证边界安全，同时对进出各类网络行为进行安全审计；通过对通信的网络流量进行实时监控，针对 DDoS（分布式拒绝服务）、Web 攻击进行防御，实现对流量型攻击和应用层攻击的全面防护。

2. 数据和应用安全

在存储、备份和传输过程中应该对数据进行加密，防止数据被篡改、窃听或者伪造；通过数字签名、时间戳等密码技术保证数据完整性，并在检测到完整性被破坏时采取必要的恢复措施；使用安全接口和权限控制等手段对数据访问权限进行管理，从而避免敏感数据的泄露。

3. 访问和认证安全

通过基于密码策略、基于角色的分权分域等方式对访问进行控制，防止非授权或越权访问；采用随机生成、加密分发、权限认证方式进行密钥的生成、使用和管理，避免因密钥丢失导致的用户无法访问或数据丢失的风险。

4. 其他安全

其他安全包括但不限于保障主机等基础设施的安全以及通过日志审计等方式对混合云安全进行统一管理。

五、政务云计算平台的安全接入

（一）概述

随着政务云的发展，越来越多的政府部门开始迁移到云计算平台，但同时政务云的安全问题也变的愈发突出。许多政府部门分散接入云平台，缺乏统一的规划和管理，安全风险大，敏感信息的泄露、黑客的侵扰、网络资源的非法使用以及恶意代码的传播等对政务云的信息安全构成了严重的威胁。

政务云计算平台的安全接入是一项复杂的系统工程，涉及业务、管理、机制和技术等多个层面，与传统安全接入不同，一方面，政务云计算平台是云平台，由于其服务模式、虚拟化、多租户、资源池等方面的需求和差异，使得其安全接入面临比传统信息技术系统更加复杂的挑战；另一方面，政务云计算平台是电子政务服务平台，承载的是多个政府部门的业务应用和数据，其安全要求、管理体系、接入方式也与一般公有云平台有着明显的不同，不仅仅要考虑政务网络隔离、业务数据环境等技术因素，而且要考虑各部门的职责、管辖等管理问题。资源的集中整合、虚拟化技术的引入对安全接入的安全保障提出了更高的要求。为了减少安全接入的风险，通过政务云计算平台安全接入规范，加强政务云计算平台的安全接入管理工作，提高政务云的整体安全防护能力。

综合物理环境、网络、物理主机、虚拟主机、数据、应用、终端等不同接入场景的安全需求，分别从技术、实施和管理方面提出了要求，指导政务部门基础设施、信息系统和数据等安全接入到云计算平台。

（二）安全接入体系

考虑到政务云计算平台接入的场景和需求，政务云计算平台的安全接入体系基于安全保障基本要求，从技术、实施、管理三个维度对政务云计算平台接入提出相应的要求，如图3—6所示。

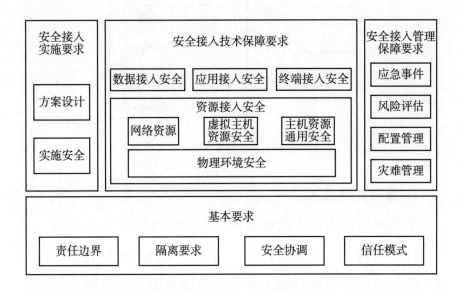

图3—6 政务云计算平台的安全接入体系框架

（三）安全接入场景

政务云计算平台接入场景描述了政府部门现有资源接入政务云计算平台时各相关部门及其环境与政务云计算平台的相互关系。政府部门接入政务云平台的场景按照接入形式可分为如下几种方式：物理环境接入、网络接入、物理主机接入、虚拟主机接入、数据接入、应用接入和终端接入。其中物理环境、物理主机、虚拟主机和应用接入主要以托管、直接部署和应用迁移的方式直接使用政务云平台资源，而网络接入、数据接入和终端接入则主要以外部资源访问的方式，来利用政务云平台资源，如图3—7所示。

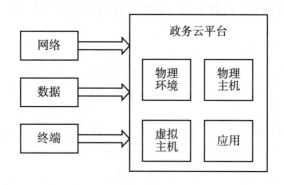

图3—7 政务云计算平台安全接入场景

1. 物理环境接入

政府部门将满足安全要求的原有物理环境（机房）接入政务云计算平台，由政务云计算平台统一管理和统筹使用，形成统一的资源池；需要对接入平台的物理环境及其资源（包括机房、网络、主机、终端以及数据、业务）提出要求，保证整体平台安全的统一性。

2. 网络接入

政府部门仍保留原有电子政务平台的独立性，仅与政务云计算平台进行网络接入，需要对网络接入提出安全要求，在保证边界安全的情况下互联互通。

3. 物理主机接入

政府部门将满足安全要求的原有物理主机托管于政务云计算平台，使用政务云计算平台的物理环境、网络等相关资源提供服务；需要对接入平台的物理主机提出安全要求，保证托管物理主机不影响平台整体安全。

4. 虚拟主机接入

政府部门将原有虚拟主机迁移到政务云计算平台，使用政务云计算平台的物理环境、网络、物理主机等相关资源提供服务；需要对接入的虚拟主机提出安全要求，保证迁移进平台的虚拟主机不影响平台整体安全。

5. 数据接入

政府部门仍保留原有电子政务平台的独立性，但与政务云计算平台有数据交换和共享需求；需对接入数据的传输、存储、迁移提出安全要求，满足其与政务云计算平台安全共享和交换的要求。

6. 应用接入

政府部门将业务应用系统直接部署于政务云计算平台，使用政务云计算平台的基础设施资源提供服务；需要对部署于政务云计算平台的业务应用提出安全要求，保证其不影响平台整体安全。

7. 终端接入

政府部门符合安全要求的办公终端可通过政务外网或互联网接入政务云计算平台，使用政务云计算平台的各种资源。需要对接入终端的自身提出安全要求，在使用平台资源的同时不影响平台整体安全。

第五节 云计算产业的行业管理

云计算产业是电子信息产业的重要组成部分，关于云计算产业的行业管理，从政府层面来说，主要由工业和信息化部、国家发展改革委依法履行相关产业政策、标准制定和行业监管等职能，国家网信办等部门负责对云计算等互联网信息服务所涉及的网络和信息安全问题进行规范制定、评估和监管。地方政府通常对应设立相应部门，对接和承担相关区域产业政策制定和行业管理职能。此外，部分行业协会也承担了行业自律监管、国家和行业标准规范符合性评估的责任。

一、行业管理部门与机构

1. 工业和信息化部

工业和信息化部的主要职能涵盖推动软件业、信息服务业和新兴产业发展，统筹规划公用通信网、互联网、专用通信网，依法监督管理电信与信息服务市场。

工业和信息化部信息技术发展司（以下简称信发司）主要负责统筹推进工业领域信息化发展，统筹指导工业领域信息安全，承担软件业和信息服务业行业管理工作，提出并组织实施软件和信息服务业行业规划、重点专项规划、产业政策、行业规范条件、技术规范和标准，组织推进软件技术、产品和系统研发与产业化，促进产业链协同创新发展，推动信息服务业创新发展，组织实施信息技术推广应用等。云计算涉及的产业发展战略拟定、产业政策建议、技术规范和标准制定等行业管理等职能，主要由工业和信息化部信发司承担。信发司通过组织企业上云工作情况及典型案例征集，深入推进企业上云工作，引导企业加快数字化转型步伐；参与指导举办中国云计算标准和应用大会，推进云计算与"新基建"融合互促，推动企业深度上云用云，深入完善云计算标准体系，持续增强云计算创新发展动力和活力。

云计算产业中，涉及基础电信业务的部分，如公共网络基础设施建设、互联网域名和 IP 地址、网站备案、接入服务等管理职责由工业和信息化部信息通信管理局承担。

工业和信息化部牵头和参与制定的云计算相关政策及行业标准见本书附录。

2. 国家发展改革委

国家发展改革委的主要职责包括拟订并组织实施国民经济和社会发展战略、中长期规划和年度计划，制定国家宏观经济政策，组织实施重大项目等。国家发展改革委创新和高技术发展司（以下简称高技术司）负责组织拟订推进创新创业和高技术产业发展的规划和政策，推进创新能力建设和新兴产业创业投资等。云计算作为新兴产业和数字经济的组成部分，推进云计算相关产业发展规划，制定宏观政策、产业布局是国家发展改革委高技术司的职能之一。

3. 国家网信办

根据 2018 年中央印发的《深化党和国家机构改革方案》，为加强党中央对涉及党和国家事业全局的重大工作的集中统一领导，强化决策和统筹协调职责，将中央网络安全和信息化领导小组改为中央网络安全和信息化委员会，负责相关领域重大工作的顶层设计、总体布局、统筹协调、整体推进、督促落实。

中央网络安全和信息化委员会办公室（中央网信办）是中央网络安全和信息化委员会的办事机构。国家网信办与中央网信办，一个机构两块牌子，列入中共中央直属机构序列。[①]

围绕云计算等互联网产业的网络信息安全问题，国家网信办会同工业和信息化部、公安部推动《互联网信息服务管理办法》的修订工作，与国家发展改革委等 12 个部门联合发布了《网络安全审查办法》。为提高党政机关、关键信息基础设施运营者采购使用云计算服务的安全可控水平，联合国家发展改革委、工业和信息化部、财政部发布了《云计算服务安全评估办法》，开展了云计算服务安全评估工作。相关评估工作依据的国家标准见本书附录。

4. 地方政府

地方政府围绕云计算产业发展和行业管理，由地方发展和改革、工业和信息化、科技、网信等主管部门对接国家相关法规、政策、规范和标准，结合地方实际情况制定相应的地方政策。围绕政府信息化和政务上云、智慧城市等工作的推进，地方政府也逐渐加大对云计算技术的应用和行业管理，通过成立地方政务服务和大数据管理部门，统筹推进"数字政府"建设，打破"信息孤岛"，加快数据共享，开展大数据示范应用，建立"用数据说话、用数据决策、用数据管理、用数据创新"新机制。地方政务服务和大数据管理部门通常还负责统筹区域内电

---

① 《国务院关于机构设置的通知》（2018 年 3 月）。

子政务基础设施、信息系统、数据资源等安全保障工作，负责"数字政府"平台安全技术和运营体系建设，监督管理省级信息系统和数据库。

5. 行业协会与产业联盟

行业管理是云计算产业创新服务和自律管理的重要形式。在国家部委、学术团体、地方和产业共同努力下，围绕云计算产业发展，成立了一系列相关行业协会、产业联盟，推动了云计算产业国家政策的落实和产业生态的建立。

部分相关行业协会如下。

中国电子工业标准化技术协会信息技术服务分会（简称ITSS分会），在中国电子工业标准化技术协会的领导下，致力于研究制定信息技术服务标准，充分发挥平台作用，开展信息技术服务标准的应用推广工作，推进云计算相关信息技术标准的符合性评估。

云计算标准和开源推进委员会是中国通信标准化协会（CCSA）下设的推进委员会（简称TC608），旨在推进云计算相关标准和开源的应用和发展，开展标准推广、学术研讨、测试评估、行业交流、国际合作、开源治理、开源运营、政府支撑、人才培训等工作。

中国计算机学会（China Computer Federation，CCF），是全国一级学会，独立社团法人，中国科学技术协会成员，是中国计算机及相关领域的学术团体。中国计算机学会成立系统软件、软件工程、分布式计算与系统、服务计算、大数据等专业委员会，积极开展云计算相关学术研讨，对云计算相关前沿技术发展和行业标准制定起到了推动作用。

中国电子学会是工业和信息化部直属事业单位，是中国科学技术协会的重要组成部分，5A 级全国性学术类社会团体。主要开展电子信息科学技术领域的国内外学术、技术交流、培训、科普等工作，组织研究制定和应用推广电子信息技术标准，接受委托评审电子信息专业人才技术人员技术资格，鉴定和评估电子信息科技成果，发现、培养和举荐人才，奖励优秀电子信息科技工作者。中国电子学会成立了云计算专家委员会，作为高端智库，对云计算产业发展积极献计献策。

中国通信学会（CIC），是在民政部注册登记、具有社团法人资格的国家一级学会，隶属于工业和信息化部，业务主管单位为中国科学技术协会。CIC 是中国通信界学术交流的主渠道、科学普及的主力军。CIC 成立了中国通信学会云计算和大数据应用委员会，旨在搭建政产学研用的高端学术平台，促进通信行业云计算和大数据技术交流与合作，引领通信行业云计算和大数据应用和服务创新发展，推动跨行业数据融合共享，培育信息产业新业态，培育科技人才。

二、云计算行业主要法律法规

我国电信行业适用的法律法规主要包括以下几种。

《计算机信息网络国际联网安全保护管理办法》，1997 年 12 月 11 日国务院批准，1997 年 12 月 30 日公安部发布，自发布之日起开始施行。

《中华人民共和国电信条例》，2000 年 9 月 20 日国务院第 31 次常务会议通过，9 月 25 日予以公布施行；于 2014 年、2016 年经过两次修订。

《互联网信息服务管理办法》，2000 年 9 月 20 日国务院第 31 次常务会议通过，并于 2000 年 9 月 25 日公布施行。2021 年 1 月国家网信办就对《互联网信息服务管理办法（修订草案征求意见稿)》公开征求意见。

《电信业务分类目录》，是《中华人民共和国电信条例》的附件。于 2001 年、2003 年经过两次调整。2015 年 12 月工业和信息化部发布《电信业务分类目录（2015 年版)》，并予以施行。2019 年 6 月工业和信息化部对《电信业务分类目录（2015 年版)》进行了修订。

《外商投资电信企业管理规定》，2001 年 12 月 5 日国务院第 49 次常务会议通过，自 2002 年 1 月 1 日起施行；根据 2008 年 9 月 10 日《国务院关于修改〈外商投资电信企业管理规定〉的决定》进行第一次修订；根据 2016 年 2 月 6 日《国务院关于修改部分行政法规的决定》进行第二次修订。

《电信服务规范》，由原信息产业部第八次部务会议审议通过，自 2005 年 4 月 20 日起施行。

三、云计算产业主要政策

我国把包括云计算产业在内的信息产业列为鼓励发展的战

略性产业，为此国务院连续颁布了鼓励扶持该产业发展的若干政策性文件。

2006年2月，国务院发布《国家中长期科学和技术发展规划纲要（2006—2020年)》，提出了我国科学技术发展的总体目标，并将信息产业及现代服务业列入重点发展领域。

2009年4月，国务院发布了《电子信息产业调整和振兴规划》，文件提出保持电子信息产业平稳较快增长，集聚资源，重点突破，提高关键技术和核心产业的自主发展能力。

2012年7月9日，国务院印发的《"十二五"国家战略性新兴产业发展规划》提出，"十二五"期间包括云计算在内的新一代信息技术产业销售收入年均增长20%以上。

2013年2月16日，国家发展改革委第21号令公布的《国家发展改革委关于修改〈产业结构调整指导目录（2011年本)〉有关条款的决定》中，将"科技服务业"中的"在线数据与交易处理、IT设施管理和数据中心服务，移动互联网服务，因特网会议电视及图像等电信增值服务"和"信息技术外包、业务流程外包、知识流程外包等技术先进型服务"列为鼓励类产业。

2013年8月1日，国务院印发的《国务院关于印发"宽带中国"战略及实施方案的通知》明确提出，统筹互联网数据中心建设，利用云计算和绿色节能技术进行升级改造，提高能效和集约化水平。

2013年8月8日，国务院印发的《国务院关于促进信息消费扩大内需的若干意见》明确提出，持续推进电信基础设施共建分享，统筹互联网数据中心（IDC）等云计算基础设施布局。

2015年1月6日，国务院印发的《国务院关于促进云计算创新发展培育信息产业新业态的意见》明确提出，加快推进实施"宽带中国"战略，结合云计算发展布局优化网络结构，加快基础设施建设升级，优化互联网网间互联架构，提升互联互通质量，支持采用可再生能源和节能减排技术建设绿色云计算中心。

2015年5月8日，国务院印发的《中国制造2025》提出，积极引领新兴产业高起点绿色发展，大幅降低电子信息产品生产、使用能耗及限用物质含量，建设绿色数据中心和绿色基站。

2015年7月1日，国务院印发的《国务院关于积极推进"互联网＋"行动的指导意见》提出："适应重点行业融合创新发展需求，完善无线传感网、行业云及大数据平台等新型应用基础设施。实施云计算工程，大力提升公共云服务能力，引导行业信息化应用向云计算平台迁移，加快内容分发网络建设，优化数据中心布局。加强物联网网络架构研究，组织开展国家物联网重大应用示范，鼓励具备条件的企业建设跨行业物联网运营和支撑平台。"

2015年8月31日，国务院印发的《促进大数据发展行动纲要》提出推动大数据与云计算、物联网、移动互联网等新一代信息技术融合发展，探索大数据与传统产业协同发展的新业态、新模式，促进传统产业转型升级和新兴产业发展，培养新的经济增长点。

2016 年 7 月 27 日，中共中央办公厅、国务院办公厅印发的《国家信息化发展战略纲要》正式公开发布。文件提出"打造国际先进、安全可控的核心技术体系，带动集成电路、基础软件、核心元器件等薄弱环节实现根本性突破。积极争取并巩固新一代移动通信、下一代互联网等领域全球领先地位，着力构筑移动互联网、云计算、大数据、物联网等领域比较优势"。

2016 年 11 月 29 日，国务院印发《"十三五"国家战略性新兴产业发展规划》，提出实施网络强国战略，加快建设"数字中国"，推动物联网、云计算和人工智能等技术向各行业全面融合渗透，构建万物互联、融合创新、智能协同、安全可控的新一代信息技术产业体系。到 2020 年，力争在新一代信息技术产业薄弱环节实现系统性突破，总产值规模超过 12 万亿元。

2017 年 3 月 30 日，为贯彻落实《国务院关于促进云计算创新发展培育信息产业新业态的意见》，促进云计算健康快速发展，工业和信息化部印发《工业和信息化部关于印发〈云计算发展三年行动计划（2017—2019 年）〉的通知》。该计划从提升技术水平、增强产业能力、推动行业应用、保障网络安全、营造产业环境等多个方面，推动云计算健康快速发展。

2017 年 11 月 19 日，国务院印发《国务院关于深化"互联网 + 先进制造业"发展工业互联网的指导意见》，其中提出到2025 年实现百万家企业上云。鼓励工业互联网平台在产业集聚区落地，推动地方通过财税支持、政府购买服务等方式鼓励中小企业业务系统向云端迁移。

2018 年 7 月 23 日，工业和信息化部印发了《推动企业上云实施指南（2018—2020 年）》（以下简称《实施指南》）。《实施指南》要求，到 2020 年，力争实现企业上云环境进一步优化，行业企业上云意识和积极性明显提高，上云比例和应用深度显著提升，云计算在企业生产、经营、管理中的应用广泛普及，全国新增上云企业 100 万家，形成典型标杆应用案例 100 个以上，形成一批有影响力、带动力的云平台和企业上云体验中心。

第四章　云计算产业与应用

"云"将为未来城市提供数字基础设施。由于"云"具备存储和分析数据的能力,生活中的一切都将变得更智能、更高效、更安全。人工智能可供人们使用,"云"也将为经济社会各领域带来不小的变革。

这里主要阐述云计算技术与社会生活的相互影响,展望未来的发展方向,探讨云计算对社会的作用,介绍在不同行业具体应用的政务云、电商云、金融云、教育云、能源云、医疗云等全国各地的云计算发展案例和经验,并阐释云计算与国家治理体系建设尤其是与智慧型政府治理之间越来越紧密的内在有机联系。

第一节　云计算与百姓民生

一、云搜索

传统搜索模式中,搜索服务器负责收集数据,用户提交检索关键字后,搜索服务器根据关键字进行查找,将符合关键字的结果展示出来。在这个过程中,搜索服务器基本和搜索用户是单向交流（图4—1）。随着用户的搜索要求越来越高，大型的搜索引擎普遍利用云服务器的强大后台计算能力和存储能力，实现高效和精准的搜索。这类云搜索，普遍使用分布式处理、并行处理以及网格计算等技术，形成一个双向交流的搜索过程（图4—2）。

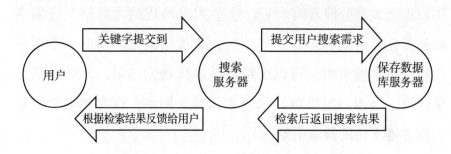

图4—1 传统搜索

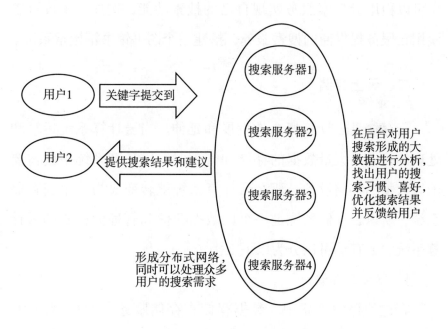

图4—2 云搜索示意图

一方面，搜索引擎公司投入更多服务器来抓取和保存各类搜索数据，这些数据保存在全球各地的服务器中，形成一个功能强大的分布式的云网络，同时这些服务器可以并行处理世界各地数以亿计的用户同时提交的即时搜索需求。另一方面，在用户提交大量的搜索需求后，这些需求形成的大数据会被搜索服务器在后台统计分析，并不断优化搜索结果。当下一个用户在提交类似搜索时，可以更精准地提供搜索结果，同时提供搜索建议，为用户提供更好的搜索体验。例如，百度和谷歌都是云服务器支持的搜索引擎。

除搜索引擎以外，云平台也可以直接提供云搜索服务。用户可以租用云搜索服务实现自己的搜索功能，例如，学校可以使用云服务提供商的搜索服务，搭建一个图书馆书籍搜索系统。

二、云上存储

云存储是云计算概念的发展和延伸。当云计算系统运算和处理的核心是大量数据的存储和管理时，云计算系统中就需要配置大量的存储设备，那么云计算系统就转变成为一个云存储系统，所以云存储系统是一个以数据存储和管理为核心的云计算系统。云存储可以分为以下三类。

1. 公共云存储

在这种存储方式中，数据存储在存储服务商的存储池中，存储服务商保持每个客户的存储、应用都是独立的、私有的。这种存储方式的优点是低成本，高性价比。

2. 私有云存储

私有云存储方式中，数据存储在私有云的资源池中。资源池来自于企业专用的系统，或者云服务商提给用户独自占用的系统。私有云存储可以由用户自己管理，也可以由云服务提供商管理。

3. 混合云存储

混合云存储是公共云存储和私有云存储方式的结合。主要用于按客户要求访问，特别是需要临时配置容量的时候。使用这种存储方式，用户可以在私有云中存储敏感关键数据，并同时兼顾公有云存储成本低的特点。但混合云存储也带来了跨公共云和私有云管理的复杂性。

三、在线办公

在线办公可以让人们足不出户在家里办公。2020 年抗击新冠肺炎疫情期间，中央应对新冠肺炎疫情工作领导小组指出，允许来自疫情高发地区人员、非紧迫工作岗位人员适当延期返程，对高风险人群延长居家留观时间或实行居家网上办公。百度热度指数显示，远程办公搜索指数 2020 年 2 月份同比增长 491%，环比 1 月份增长 317%。

回头来看，在线办公可以说是"酝酿已久、厚积薄发"。以疫情期间 2 亿人在线的某在线办公软件为例，2015 年底、2016 年底，该软件企业组织分别突破 100 万家、300 万家，2017 年 9 月突破 500 万家，2018 年 8 月达 1000 万家，用户数量呈滚雪球式加速发展。与此同时，在线办公入局者也骤然增多。某商业查询平台数据显示，我国目前共有超过 4500 家"云办公"产品生产公司，接近一半的企业都成立于 5 年之内。

四、地图导航

近几年，随着经济和技术的不断发展，人民群众的出行需求不断提高，交通工具也在不断丰富化，从而在每个城市都形成了一个庞大而复杂的交通体系。在智能城市导航未被开发应用之前，复杂的交通体系往往给人们出行带来很大的困扰。对于平时熟知的路线，例如上下班路线，若路上出现堵车现象或者某一公共交通出现停运、更改路线的情况，很有可能会导致上班迟到；对于出差到一个陌生的地方，更是需要提前花费大量时间和精力在地图上，而且还要考虑路上的突发事件。智能导航系统应运而生。人们利用智能导航系统，只要输入起点和终点，就可以方便地查询到多条路线，若用户不知道起点，还可以直接进行起点自动定位，输入终点就可以进行查询。智能导航系统还能避开交通拥堵路段，帮助人们规划最节省时间的路线，尽早到达目的地。智能导航系统利用云计算技术，处理海量数据和解决实时性问题。

五、云游戏

云游戏，顾名思义，就是将游戏完全运行在云端服务器上。云端服务器渲染后的画面通过网络传输到客户端进行显示，而客户端发出的各种控制信号也在同时通过网络传输到云端服务器。整个过程的关键压力除了网络传输，还集中在云服务器处理上。云游戏概念诞生于 2000 年，一家芬兰游戏公司展示了云游戏的雏形，但受限于内容短板和网络技术欠缺，当时并没有激起多大的水花。之后虽然多家大企业纷纷涉足云游戏业务，但是依然受限于网络条件，发展较为缓慢。国内游戏厂商的代表有腾讯、网易等。5G 时代的到来，高速率、低时延的特性能够解决云游戏发展最大的难题，随着 5G 逐步走向商业化，跨平台的云游戏将会成为主流。

六、VR（虚拟现实）

虚拟现实，是一种可创建和体验虚拟世界的计算机系统。它是以仿真的方式给用户创造一个实时反映实体对象变化与相互作用的三维虚拟世界，并通过头盔显示器、数据手套等辅助传感设备，向用户提供一个观测虚拟世界并与之交互的三维界面。用户可直接参与并探索仿真对象在所处环境中的作用与变化，产生沉浸感。VR 系统具有良好的高效性、可控性、安全性、无破坏性、使用灵活性、易于修改、不受气象影响、不受空间和场地限制、可多次重复使用及系统运转费用低等特点[1]。

云 VR 是一个端到端的业务链，对于通信运营商而言，发展云 VR 可以从业务体系完善、网络价值提升、服务能力增强三方

---

[1] 蒋庆全：《国外 VR 技术发展综述》，《飞航导弹》2002 年第 1 期，第 27—28 页。

面获得巨大价值。

一是业务体系完善。VR 业务的发展，不仅丰富了视频业务体系，还可以基于 VR 业务的云渲染资源，开展物联网、图像处理、高性能计算等多种应用业务，全面带动业务综合发展，完善服务体系。

二是网络价值提升。云 VR 业务对于网络带宽、时延等都有较高要求。当前 5G 网络具有大带宽、低时延特性，同时针对宽带网络的升级改造以及固移融合边缘计算的业务应用部署，云VR 业务能够全面带动业务承载及发展，全面提升网络价值，使运营商不再仅是"管道"。

三是服务能力增强。以云 VR 业务为核心，建设面向个人用户的自有服务能力体系，同时联合产业合作伙伴，面向垂直行业客户推出端到端服务能力，依托传统网络优势、结合业务应用，全面提升服务能力，实现 5G、宽带网络的价值提升。

第二节　云计算支撑互联网产业发展

新兴的大数据产业，已经成为数据爆炸时代提升企业竞争力的强有力工具。云计算与大数据、云计算与人工智能、云计算与物联网、云计算与工业互联网、云计算与区块链、云计算与 5G 的结合，是企业实施 IT 转型和业务转型的有效途径，技术之间的相互取长补短，实现大数据作为生产资料、算力作为生产力、区块链作为生产关系的多元科技融合新局面。

一、云计算与大数据

当今世界计算机领域最火的技术是什么？很多人脑海中肯定会浮现出云计算、大数据、人工智能等。

通常情况下，一提到云计算，大多时候肯定会紧跟大数据；一谈起人工智能，大多时候会提到大数据。这几者之间究竟有什么关系呢？首先，云计算、大数据、人工智能这几个概念是既相辅相成又不可分割的；但是，它们之间又存在很大的不同。

大数据是指在一定时间范围内用常规软件工具进行收集、管理和处理的数据集合，是一种信息资产。近些年来，随着互联网的普及，全球每年产生的数据非常庞大。显然，单台计算机无法处理如此庞大的数据。依托云计算的分布式计算、分布式数据库和云存储、虚拟化等技术，使用普通计算机就可以轻松处理海量大数据。云计算甚至可以让我们体验每秒10万亿次的运算能力，也只有云计算才能对大数据进行处理。

大数据技术的意义并不在于其包含了大量的数据信息，而在于人们可以对这些海量数据进行专业化处理，例如，大规模并行处理数据库、数据挖掘、分布式文件系统、分布式数据库、云计算平台、互联网和可扩展的存储系统，以便于提高对数据的优化能力，通过优化实现数据的增值。

设想你拥有一个大的销售平台。每年"双十一"的某一时刻，用户量和订单量会井喷，大家都冲上来买东西。但这样的疯狂促销可能一年也就几次，如果提前准备大量的机器，但一年之中使用的时间只有少数几次，浪费了大量的算力；如果不做任何准备，购物高峰时无法处理客户的请求，会极大影像客户的购物体验。一般的做法是"双十一"前创建一大批虚拟机来支撑电商应用，过了"双十一"再把这些资源都释放掉。

表4—1　大数据与云计算对比

	大数据	云计算
目的	发掘信息价值	管理资源,提供相应服务
对象	数据	互联网资源以及应用
背景	用户和社会各行各业所产生大的数据呈几何倍数增长	用户服务需求增长,企业处理业务能力提高
价值	发掘数据的有效信息	大量节约使用成本
侧重	资源分配,硬件资源的虚拟化	海量数据的高效处理

　　总体来看，云计算与大数据就像是一枚硬币的两面，其关系密不可分。云计算可以改进大数据分析，整合多源数据，使得数据分析更加完善；为大数据分析提供了灵活的基础架构，可以按需扩展；降低分析成本，客户无须大规模的大数据资源即可进行大数据处理；提供保障数据安全和隐私的解决方案，系统集成商引入具有弹性和可扩展性的私有云解决方案。云计算与大数据的结合将可能成为人类认识事物的新工具。随着互联网的发展以及企业需求的扩大，云计算的未来必将前景广阔。

二、云计算与人工智能

人工智能其实是云计算与大数据的一个应用场景。

人工智能的终极目标是让机器拥有人的智慧，即实现以下几个方面目标。

一是懂人心。例如，某平台推荐给用户一部影片，用户很喜欢但在此之前并没听说过，显然用户并不知道它的名字，如果平台不推荐，用户可能永远也不会知道更不会去搜索。人类希望，机器会像知己一样懂人类。

二是会推理。人和动物最大的区别就是推理。人们希望机器能够证明数学公式，或推理解读出人类的语言。

三是自学习。一个成年人可以很轻松地做到从一幅图像中识别出小狗，但是如果让计算机来做这件事，就没那么容易了。随着人的阅历积累，不断学习新的知识，以至于可以识别不同类型品种的狗。换句话说，学习离不开海量的数据支持。当机器具备自我学习的能力之后，很多过去被视为不可能的事情都将变得可能。例如，更精准地辨别图片中场景、更精准的语音识别和实时语音翻译，用于社交网络的照片和视频分类，谷歌街景中的房屋地址识别，等等。

人类希望机器能够模拟大脑工作。通过神经元的触发机制，一个神经元从其他神经元获得输入，当接收到输入时，产生一个输出来刺激其他神经元。于是大量的神经元相互反应，最终形成各种输出的结果。

技术进步和终端设备发展，将推动世界走向"万物智联"时代。这个时代需要一个能提供强大计算能力、存储能力和数据分析能力的在线服务中枢；云计算，便是囊括这些能力的天然载体。

人工智能需要大数据，也同样离不开云计算。神经网络中包含众多节点，每个节点又包含非常多的参数，所需的计算量十分巨大。云计算通过汇聚多台机器的力量，为大数据分析提供足够的算力。此外，云服务提供商还积累了大量数据，能为大数据分析提供数据支持。

三、云计算与物联网

物联网是各类传感器和互联网相互衔接的一种新技术。它是指通过信息传感设备，按照约定的协议，把任何物品通过互联网连接起来，进行信息交换和通信，以实现智能化管理的一种网络。

物联网中利用的主要技术就是 RFID（射频自动识别）技术，以该技术为支撑实现物品的自动化识别，并通过计算机互联网的传输作用，达到信息互联与共享的目的。物联网的结构可划分为以下三层。

一是信息感知层网络。信息感知层网络是一个包括 RFID、条形码、传感器等设备在内的传感网，主要用于物品信息的识别和数据的采集。

二是信息传输层网络。信息传输层网络主要用于远距离无缝传输由传感网所采集的海量数据信息，将信息安全传输至信息应用层。

三是信息应用层网络。信息应用层网络主要通过数据处理平台及解决方案等来提供人们所需要的信息服务以及具体的应用。

云计算与物联网二者相辅相成，密不可分。一方面，云计算是物联网发展的基石，在云计算技术的支持下，物联网能够进一步提升数据处理分析能力，不断完善技术。另一方面，作为云计算的最大用户，物联网又不断促进着云计算的迅速发展。物联网，本质上是物物相连的互联网。互联网是物联网的基础，也是物联网的核心，在互联网的基础上，将用户端不断延伸到物物之间。物联网业务量逐渐增加，对数据存储、分析计算的能力提出更高要求，云计算技术应运而生。

（一）云计算与家居物联网

在 2019 年，中国云计算和物联网大会上涌现出一大批云计算、物联网、大数据领域最新成果。某企业大数据服务提供商，自主研发了 E2C[①] 数字商业大数据云平台，并通过"大数据＋技术产品＋应用服务"业务模式，向企业提供技术开发、大数据应用服务。其研发的智慧社区服务云平台，集成了物联网和大数据技术功能，通过特有的中间件集成技术，

---

① 数字商业 E2C 模式代表三层价值链关系，即面向企业客户的数字商业服务（E to Company）、面向消费者的数字商业服务（E to Comsumer）和面向商业伙伴间的在线商贸共赢（E to Commerce）。

整合社区内分散的各类系统的管理，如安防、智能设备和客户服务等，并支持智慧家居系统集成，形成了社区一体化智能服务体系。

（二）云计算与交通物联网

随着生活水平不断提高，汽车数量不断增加，城市交通的环境变得日益复杂，简单依靠人力已经不能保证交通运行的安全性和顺畅性。借助物联网技术，人们可以利用分布于交通体系各节点的各类设施，与智能化管理调度系统网络连接，实现有效的交通疏导、监控、管理、自动化缴费、信息交互等功能。例如，在交通监控与安全管理方面，交通监控系统与物联网对接，每天需要对大量的交通影像信息进行采集和储存，需要处理的数据量庞大，对系统运行的稳定性也有较高要求。云计算技术本身在海量数据的处理和存储上具有优势，这样就能够有效应对交通监控系统庞大数据量对物联网运行的压力，保证交通运行安全。

（三）云计算与电力物联网

电力物联网的发展为我国电网系统智能化管理提供了有力的支持，为电网系统节能降耗、可持续发展发挥了重要的作用。电力物联网的运行，需要对各个节点的运行数据进行监控，同时还涉及大量的数据转换，能否保证数据监控与数据转换的有效性，直接关系到电力部门为用户提供服务的质量。云计算技术的应用，可以借助分布式并行编程和海量数据管理两项关键技术，对电力物联网中大量的监控数据、需转换数据进行并行处理，提高监控数据管理、数据转换工作的开展效率，帮助电力部门强化对电网运行状态的把握，强化其为用户高效服务的能力，更好地保证电力物联网功能价值的发挥，保障电力供应的可靠性。

（四）云计算与公安物联网

公安系统的物联网建设中，包含了大量的监控设备、感应设备，同时建立了强大的信息管理中枢系统，能够对广泛分布的各类监控设备、感应设备获取的数据信息进行分析处理，从而及时发现公共安全隐患，并对相关违法违规行为进行追查。云计算技术在公安物联网中的应用，主要是利用云计算强大的数据处理和分布式存储等功能优势，实现对不断更新的海量数据的有效处理，保证系统整体的稳定运行，以及相关数据的安全性，控制公安系统建设运行成本。此外，云计算高度虚拟化的系统运行模式，也能够减少物理条件对公安物联网运行的限制。面对公共安全环境的复杂多变的特征，云计算技术的应用能够较好地满足公安物联网不断扩展功能的需求，这也为公安物联网功能价值的长期发挥提供了支持。

云计算和物联网作为我国战略性新兴产业的重要组成部分，在加快经济发展方式转变、促进传统产业模式变革、服务社会经济发展方面发挥着重要的作用。通过推进云计算和物联网技术创新、产业融合、应用落地和生态构建，引导企业上云用云，实现各界合作共赢，更好地推动传统产业改造提升，促进新兴产业加快发展。

四、云计算与工业互联网

工业互联网作为新一代信息技术与工业经济深度融合形成的新兴业态和应用模式，是实现产业数字化转型的关键基础。Industrial Internet（工业互联网）——开放、全球化的网络，将人、数据和机器连接起来，属于泛互联网的目录分类。它是全球工业系统与高级计算、分析、传感技术及互联网的高度融合。工业互联网的本质和核心是通过工业互联网平台把设备、生产线、工厂、供应商、产品和客户紧密地连接融合起来。工业互联网可以帮助制造业拉长产业链，形成跨设备、跨系统、跨厂区、跨地区的互联互通，从而提高效率，推动整个制造服务体系智能化；还有利于推动制造业融通发展，实现制造业和服务业之间的跨越发展，使工业经济各种要素资源能够高效共享。

云计算和工业互联网之间，有什么关系呢？

网络上有这样一个例子，设想当只有 1 个工厂和很少的设备时，在厂房里摆上几台服务器，建个局域网，找几个工程师，就可以管理和维护这个小型工业网络，这便是工业局域网。但如果是几十个工厂，几百个车间，几万个生产设备呢？显然，这个时候应该采用云计算技术。只有上云，才能拥有强大的运算能力、存储能力和网络带宽，能够对这么庞大的系统进行管理；只有通过云计算，才能让更多的企业员工及管理者接入，去使用工业互联网，也能够让开发者有更大的空间，去设计更好的应用。

在商业领域已经出现了许多以云计算作为基础的公司，例如，亚马逊、IBM、谷歌、阿里、百度、小米、360 等等。但纵观工业领域，云计算在工业领域还只是刚刚开始。拥有云计算的助力，对于工业互联网来说，蕴藏着三个未来可能会出现的大的产业机会。

一是对于需要处理非结构化数据的企业的机会。例如，图片、音频、视频数据的中小型制造企业，处理这类数据需要巨大的存储容量和强大的计算能力。而这些中小型制造企业，通常负担不起这么一笔大的软件投入以及系统建设和维护的投入，云计算的加入为他们提供了一个很好的解决方案。

二是对于基于云计算平台的整合型产业的机会。例如，电商领域的阿里已经开始进入医药领域，试图整合药物的流通、销售和监控。云计算能够辅助对这些数据进行好传输、分析和存储。

三是对于大数据企业的机会。数据的重新挖掘、分析并提供额外的价值，是每个工业企业都须抓住的云计算的重大利好和机遇。

五、云计算与区块链

区块链是一项新兴技术，近几年得到了学术界和工业界的广泛关注。国内很多巨头公司也都纷纷转向区块链，将区块链视为互联网时代的伟大颠覆性创新。那么，区块链究竟是什么呢？

区块链是指通过去中心化和去信任的方式，集体维护一个可靠数据库的技术方案。以记账为例，区块链没有中心账本，人人都有机会参与记账，人人都是中心，并且系统里的人，人人都有一份账本。下面这个例子可以帮助我们更好地理解区块链究竟是什么。

在一个信任匮乏的村子里，老村长为了防止村民们相互借贷时发生抵赖的现象，发明了一种新的记账方式：如张三向李四借了100元，村里的大喇叭会向全村通告这一消息。村民们手里各有一本账本，此时会分头记下"张三于××时向李四借了100元"。如果到还款的时候张三想抵赖也无济于事，因为村里其他人的账本里都写着这一记录，也就无法抵赖了。这便是区块链的雏形。

随着云服务的广泛应用，云服务提供商故障带来的影响越来越大。几乎所有的中心化云服务提供商都出现过故障，甚至数据丢失的情况。在云计算行业的发展进程中，运维故障此起彼伏。那么，这样的问题是否有根治的可能？一个简单的想法就是"别把鸡蛋都放进一个篮子里面"，专业一点就是"分布式云计算+区块链"。区块链诞生之前，不少云计算厂商就是通过分布式云计算来解决中心化云计算的弊端。分布式计算是研究如何把一个需要非常大的计算能力才能解决的问题，分成许多小部分，然后把这些部分分配给许多计算机进行处理，最后把这些计算结果综合起来得到最终的结果。由于其成本低，文件的安全性也有保障，分布式计算一直是各个企业的心头肉。但是，分布式计算也存在一些问题，如何让各地的用户贡献其计算、储存、带宽资源一直是分布式云计算难以解决的瓶颈。

上述这种情况直到区块链的出现才发生改变。2018 年 4 月，AWS 推出一项 BaaS（区块链即服务）服务——即用型区块链模板，用户通过 AWS 部署基于以太坊和 Hyperledger Fabric（超级账本）框架，即可构建区块链应用，省去手动设置区块链网络的时间和精力。此外，海外还有一些项目利用区块链进行云计算，比如 Golem、Enigma、SONM 等。

"云计算 + 区块链" = BaaS。区块链与云计算紧密结合，在 IaaS、PaaS、SaaS 的基础上创造出了 BaaS，促进 BaaS 成为公共信任基础设施，形成将区块链技术框架嵌入云计算平台的结合发展趋势。其中，以联盟链为代表的区块链企业平台需要利用云设施完善区块链生态环境；以公有链为代表的区块链更需要为去中心化应用提供稳定可靠的云计算平台。

目前，很多互联网巨头纷纷表示推出 BaaS 业务。微软在 2015 年 11 月宣布在 Azure 云平台中提供 BaaS 服务，并于 2016 年 8 月正式对外开放。开发者可以在平台以最简便、高效的方式创建区块链环境；IBM 在 2016 年 2 月宣布推出区块链服务平台，开发者可以在平台访问完全集成的开发运维工具，用于在 IBM 云上创建、部署、运行和监控区块链应用程序。迅雷作为国内"分布式云计算 + 区块链"成功落地的先行者，目前已实现分布式云计算与区块链技术的结合，其推出的共享计算模式，帮助迅雷开辟云计算发展新路。

此外，学术界还将"云计算＋区块链"与政务相结合。有研究提出了一种区块链的云计算电子取证模型，实现云计算环境下的去中心化电子取证，防止任何参与方（包括取证调查者、云服务提供商、用户等）对取证信息的共谋篡改。

六、云计算与5G

近年来，街头巷尾，人们都在谈论5G。如今，我们已经步入5G时代。5G本质上讲的是端到基站通信的问题，5G意味着高可靠、低时延、大规模机器连接，移动带宽会变化非常大。那么，5G对云计算会有什么影响呢？

总体来看，5G的落地对于云计算起到了非常大的促进作用。5G明显提升了网络响应效率、可靠性和单位容量，可以将大量本地业务迁移到云端，使云计算可以充分发挥自身的优势。具体来看，5G对于云计算的影响有以下几个方面。

一是高可靠。超低时延的确会带来很大的影响，例如，自动驾驶，从应用层面看短时间影响比较少，后端的影响会逐渐显现出来。

二是边缘计算。边缘计算的好处在于延时，很多处理从端到边缘就结束，而不用到云上面，包括安全控制。在设备入云的基础条件下，云计算能使工业物联网在更广泛的范围内进行数据信息互享，增强了数据处理能力，提高了工业物联网智能化处理的程度和计算能力。在未来，云计算和边缘计算的协同将成为云计算的发展趋势。

三是异构资源[①]。对用户体验，如果计算慢、存储时间短，那么用户体验就不好。有了异构计算，比如与人工智能相关的 GPU（图形处理器）的方式，计算不仅靠 GPU 还有各种各样的加速器，可能有 FPGA（现场可编程门阵列）和 AM 等不同的计算方式，增强用户体验。

四是存储。5G 从低时延的角度来讲，要更快更好。很多体系都在存储结构当中，这个趋势也是可以匹配起来的，在存储领域力度要高，而且速度要快。

五是网络的整体改造。从云平台构建角度来讲，我们需要把整个网络统一考虑规划。5G 本质上解决的只是终端的最后一公里，当然可能连最后一公里都到不了。还需要考虑网络整体架构，可以充分地利用 5G 端时延下降的情况，使得时延更加降低。

六是大规模连接。5G 有一个很大的特点就是每平方公里的连接速度可以支持超过 200 万个设备，随着进入万物互联的时代，更多的物件、器械、小设备都会连上来。

在 5G 时代，云计算的发展趋势将有以下几个特点。

一是终端计算向云端迁移。在很多领域，例如，娱乐资讯领域，将会呈现出一种终端计算任务向云端迁移的趋势，这样可以大幅度降低终端硬件的成本，为终端产品的普及奠定基础。车联网、可穿戴设备领域，也会在 5G 时代广泛采用云计算

---

① 异构是指由不同的元素或部分组成，不均匀的意思；此处异构资源指不同类型的资源。

技术。

二是云计算与边缘计算相结合。产业领域对于数据的边界通常有严格的要求，并且数据量非常大，不可能将所有数据处理任务都发送到云计算平台。因此，利用边缘计算完成终端数据处理，云计算完成最终数据处理的合作方式将得到广泛应用。

三是全栈云和智能云。华为对全栈云进行了解读，认为全栈云有四层含义：全栈业务承载、全栈云服务能力、全栈资源管理和全栈架构演进。5G 作为"超级网"将提供无所不在的连接能力，"数据中心＋云＋AI"作为"智能云"将提供无处不在的计算能力，两者的重要程度可以看作是"新基建"中的"基建"。5G 通信技术将驱动着全栈云和智能云的发展。

从 IaaS 全面覆盖到 PaaS 和 SaaS。早期的云计算主要围绕 IaaS 服务来设计各种服务模式，随着云计算的逐渐落地应用，行业领域对于云计算有了更多新的诉求，比如需要云计算提供更强的资源整合能力，此时 PaaS 就成为了重要的发展内容。PaaS 的服务形式将是产业互联网时代的一个主要云服务方式，更多的行业企业将借助于 PaaS 的相关服务来赋能创新，同时完成更多的行业资源整合。

每一次网络革命，都催生了 IT 革命浪潮。2019 年，5G 成为网络进化进程中新的关键节点，而 IT 革命也悄悄发生在手机与电脑之间。目前，手机的多核处理器已经能够轻松处理办公、影音乃至游戏娱乐等各种应用。5G 环境下，可以让手机变成云电脑，一台智能手机上，也能够运行微软的 Windows 系统。通过 5G 网络，将云桌面集成到了平板和手机终端，借助云端的桌面虚拟化技术，以及端侧芯片集成的 AI 解码功能，可以瞬间将手机变成电脑，用户可以通过手机随时随地享受各项云服务。云电脑将是划时代的革命，它不仅影响 ToB 端的企业用户，还将影响广泛的 ToC 端的消费者。可以预计，云电脑将改变整个 IT 行业的格局。

第三节 云计算支撑传统产业发展

近年来，在国家政策和市场需求的不断刺激下，互联网企业纷纷开始了云计算领域的布局之路，云计算行业得到了飞速的发展。受互联网企业的影响，传统产业（如电力、制造业、农业等）也纷纷开始了自己的云计算探索之路。

一、云计算与电力

大数据、云计算、物联网等前沿人工智能技术也在深刻改变着电力产业和能源产业。国家发展改革委、国家能源局 2015 年 7 月印发了《关于促进智能电网发展的指导意见》，意见明确指出，到 2020 年，初步建成安全可靠、开放兼容、双向互动、高效经济、清洁环保的智能电网体系[①]。

智能电网的建设离不开云计算，并且电力行业的数据及应用特点也非常符合云计算的服务和技术模式。电力大数据

---

① 《关于促进智能电网发展的指导意见》（2015 年 7 月）。

主要来源于电力生产和电能使用的发电、输电、变电、配电、用电和调度各个环节，主要包括电网运行和设备检测或监测数据；电力企业营销数据，如交易电价、售电量、用电客户等方面数据；电力企业管理数据等。这些海量的数据要求电力系统能够应对海量数据传输和存储问题。此外，从发电、输变电到用电，都需要对数据进行实时处理，以便于从海量数据中找出潜在的模态与规律，为决策提供支持，对电网运行进行诊断、优化和预测，为电网安全、可靠、经济、高效地运行提供保障。

电网规模的不断发展，对电力系统处理器资源和储存资源的要求越来越高。在传统电力行业中采用云计算，不仅可以实现电力行业内数据采集和共享，实现数据挖掘，提供 BI（商业智能），辅助决策分析，促进生产业务协调发展，也可以帮助电网公司将数据转换为服务，提升服务价值。

2011 年国家电网建成智能电网云仿真实验室。该实验室以建设智能电网云计算中心为使命，重点开展了智能电网云操作平台、智能电网云分布式数据库、智能电网云资源虚拟化管理平台和基于智能电网云操作平台的十大典型应用，其中包括云资源租赁系统、智能电网云搜索、智能电网云百科、智能用电海量信息存储与分析、电力视频云等。

电网"入云"的过程，也是从池化到云化的过程，在这一过程中，将由池化的计算管理为主，进入计算、存储、网络全方面管理，做到 PaaS、IaaS 及周边系统资源全面融合，形成统一的整体，突破"信息孤岛"。

电力云平台及各项云应用系统不仅具备高并发性、易扩展性，还具备负载均衡、高可靠性等特点，在电力云计算领域处于国际先进水平，对促进智能电网海量信息资源的分析与处理及支撑国家电网公司"三集五大"体系建设具有长远意义。

近年来，国家高度重视新技术的研究与应用，陆续开展了一系列围绕智能电网信息技术研究的课题研究。在智能电网领域引入云计算，依托云计算可靠性高、数据处理量大、灵活可扩展、设备利用率高等优势，保证现有电力系统硬件基础设施基本不变的情况下，对当前系统的数据资源和处理器资源进行整合，提高电网实时控制和分析的能力，为智能电网技术发展提供强有力保障。国家电网为实现随需提供、降低成本、提高效率与可靠性的目标，制定了云计算技术研究框架，组织开展了关键技术、应用模式研究与试点建设，成果已在公司应用。云计算技术可应用于信息软硬件资源配置、集中式数据中心建设、高性能计算、大数据分析等方面[1]。

发展智能电网是实现我国能源生产、消费、技术和体制革命的重要手段，也是发展能源互联网的重要基础，将云计算引入电力系统，在现有电力网的基础上构建电力智能云是一种需要，也是未来云计算应用发展的一种趋势。

---

[1]　杨宁：《国家电网公司云计算发展历程》，云计算与智慧城市专题论坛，2013年。

二、云计算与制造业

云计算对传统制造业也带来了不小的改变。传统制造业是一个个独立物理的产业，而云计算技术让这些原本独立的环节实现了连接，通过以数据为核心，将企划、采购、研发、制造、营销、物流、客户、用户等进行连接，使它们能快速有效地满足用户更高的需求。

"传统制造业靠电，未来制造业靠数据"，是一句非常形象的比喻。过去，所有制造业的信息系统是以 ERP（企业资源计划）为中心内部化的信息系统。90%以上的机器设备都没有相互连接，是一个个孤立的载体。未来，在互联网、云计算、大数据技术的支撑下，将制造业中所有的机器设备、生产线的数据全部打通，以数据为核心，把全价值链连接，是智能制造的根本所在。智能制造是中国制造业高质量发展和竞争力提升的关键。社会经济发展方式也将迎来彻底深刻的变革。

云计算为制造业带来变革的九大方式，具体如下。

一是通过分析工具、BI 和规则引擎实现智能化：基于云计算平台提供移动访问接入支持，对于业务分析、BI 和规则引擎的报告和分析很有帮助，还可以加速利用已有知识和管理。

二是全面部署供应商门户和协作平台：基于云计算技术可以提供实时的订单查询和预测分析。

三是云集成将成为制造商核心竞争力：服务集成到云端，将重新定义当前的产业格局，有利于避免价格战转而投入到更具创新性更具附加值的产品上。

四是加速新产品开发和引进战略抓住商机。

五是利用云平台直接或间接管理销售渠道：云平台可以对人员绩效、出货数据进行监测，也可以实现市场的实时管理和分析，提高效率。

六是使用基于云的市场自动化应用工具进行灵活高效地规划、执行和跟踪。

七是分布式订单管理、价格和内容管理。

八是基于云计算的 ERP 系统，提供 two-tier（双层）ERP 战略。

九是基于云的人力资源管理系统，以实现人才管理、招聘，薪资待遇和时间跟踪，打破地域限制，真正实现人力资源的全球统一和协作。

在云计算的推动下，不少企业都开始了转型升级之路。智能制造体系中的精准制造、敏捷制造、数字制造、远程制造，都需要强大云计算基础的支撑。从技术角度，云计算不仅支持多种设备和传感器以及传递它们所生成数据的需求，而且支持对海量数据进行处理。

制造业云解决方案对整个制造系统进行了优化和重构，传统 IT 模式被高效、安全、稳定的云计算所取代，之前分支机构、科研部门、制作工厂等分裂独立的数据系统，在云端获得整合，自动完成工艺操作、生产进度、物流变化等的实时对接，实现数据的统一管理与监控。依托云端生态体系，企业内外部、产业链上下游实现互联互通，为准确判断市场趋势、精准调整经营策略提供依据。

三、云计算与农业

实现农业现代化，必须依靠科技支撑和创新驱动。随着现代农业的发展，云计算已经被应用于农业领域。中国农业也正在从传统农业、现代农业朝着智慧农业迈步走来。当云计算遇上传统农业又会碰撞出怎样的火花呢？

提到农业，不少人还会浮现出"看天吃饭、下地干活""手工劳动、自给自足"的印象。其实，随着物联网、大数据、卫星遥感等技术在农业领域的广泛应用，我国智慧农业也在快速地发展。

科学技术让农业从体力劳动变成了脑力劳动。云计算的出现，解决了农业地域分散、IT基础薄弱、运行及维护困难等问题。农民轻松动动手指，就能得到育苗情况、施肥处方等信息。

通过卫星遥感技术收集田地里的多光谱数据，分析作物生长的遥感图像，遥感的数据采集单位精准到米，数据自动化处理速度达每15秒一次，帮助农户实时发现地里的问题区域，节省时间和人力。此外，通过利用这些技术，结合精准天气数据，可以助力遥感巡田、作物长势分析、环境预警、水肥一体化、植保等农业活动，提升生产种植管理的精准性和效率。

基因组测序指测定基因中的未知序列，确定重组基因的方向与结构，对基因突变进行定位和鉴定，并对其进行比较研究。虽然基因组测序的成本很低，但是对基因组测序数据的分析却需要花费大量资金。在云计算技术的支撑下，对农作物的基因组进行测序，从本质上改变农作物的质量，培育出营养水平更高的农作物。

2001 年，国家农业信息化工程技术研究中心开始建立农业云服务平台。2019 年，农业农村数字一张图智慧应用云服务平台在第二十一届中国中部（湖南）农业博览会上发布。这是我国第一款为全国农民提供免费农业大数据服务的平台。在这一平台上，将农业农村部各部门数据进行了整合，科学掌握全国各地农业资源的空间分布、数据规模、品种结构等，并实现数据对外开放共享，将农业生产的各要素、农业资源的信息在地图上进行展现，进行空间分析和匹配。近年来，各类智慧农业云平台也陆续推出，依托前沿的云计算和物联网技术，这类平台可以为用户提供智慧农业信息采集、栽培管理、智能控制、精准水肥、安全监测为一体的智能化软件，实现种植精准化、管理可视化及决策智能化。

智慧农业，顾名思义就是让农业生产、加工、营销等变得更具智慧，以精准智能代替人工农业劳作，提升农业生产经营效率，提高农业生产对自然环境风险的应对能力，解决农业劳动力日益紧缺的问题，改善农业生态环境。目前，智慧农业已成为当今世界农业发展的重要方向，也是我国农业发展的必然选择。

第四节 全国各地云计算发展经验

一、政务云

政务云是指运用云计算技术，统筹利用已有的机房、计算、存储、网络、安全、应用支撑、信息资源等，发挥云计算虚拟化、高可靠性、高通用性、高可扩展性及快速、按需、弹性服务等特征，为政府行业提供基础设施、支撑软件、应用系统、信息资源、运行保障和信息安全等综合服务平台。

案例：某公司政务智能通信云建设

1. 案例背景

随着互联网及移动互联的迅速普及应用，信息化渗透并深刻影响了人们的工作和生活，呼叫中心作为政府与社会公众的信息交互系统在政务服务领域发挥了越来越重要的作用。但是呼叫中心的普及应用仍然面临着较大的障碍，行业性质、通信环境和服务模式等都决定了政府对呼叫中心的应用呈现出个性化的需求。

随着云计算产业的快速发展，呼叫中心云化趋势日益明显，这种转换的最大驱动力来自于其弹性座席、成本低廉、部署灵活、开放兼容等优势。此外，云计算等相关产业等被国务院列入战略性新兴产业，全面提高信息化水平被写入"十二五"规划，这将促进云计算呼叫中心产业迎来重要的发展契机，推动政务应用向纵深化发展。

基于以上背景，某公司联合打造了隶属于该公司的政务智能通信云平台，并部署在某区"中国电子人工智能、政务云基地"。该平台是为政府公众呼叫中心行业，利用先进的通信交换、云计算、大数据、安全防护等新技术，结合政府公众呼叫中心特性，共同打造政务智能通信云战略品牌，致力于为政府呼叫中心客户提供领先的专属智能云通信服务。

2. 用户需求分析

政府呼叫中心的建设趋势逐渐往多分布点集中管理、统一服务标准、统一用户体验、统一资源调度、统一数据标准、统一通信标准和统一业务流程方向发展，并在顶层设计、数据标准的制定时做到"一张网"建设。

3. 方案总体设计

遵循"开放、智慧"理念，围绕"渠道集约化、服务智能化、业务办理便利化、管理数据化"，采用云计算、大数据、人工智能、移动互联、物联网等现代信息技术，整合线上线下资源，着力打造全天候、全方位、全流程的智慧服务体系，建成统一、规范、高效的智能平台。

智能政务云通信服务平台整体分为 IaaS、PaaS、SaaS 层，其中 PaaS 和 SaaS 层面向社会公众提供能力和服务的整体集成解决方案。平台提供行业产品统一的后台能力平台，使得平台可以能力共享、按需配置，实现产品应用和能力的解耦，部署方便，对接灵活。平台通过通信业务中间件将政府呼叫中心、业务系统、政府多媒体公众服务渠道等有机整合，实现"智能通信云＋政务公众服务"的无缝融合。

4. 关键技术

（1）采用 AI 技术，平台将生产和运营带到了新的高度。基于 FAQ（常见问题解答）和知识图谱的问答机器人。FAQ 问答机器人采用多通道抽取加排序的方法实现，达到检出率90％以上、TOP1 问题正确率85％以上。根据行业知识，构建行业知识图谱，内置 17 种问答推理逻辑模板，支持 10 种以上问答类型，具有知识图谱维护和图形化查看界面。

（2）全方位安全保障，确保无懈可击。打造纵深防御，以用户数据安全为中心，从硬件、系统软件、虚拟化平台、应用软件到网络，构筑多层次、多维度安全体系，采取 10 种以上安全认证，满足不同区域和行业合规要求，实现全网安全态势实时感知。

（3）最佳实践的应用系统设计。平台能够按照客户的业务特点和服务周期或规律，提供灵活的弹性云服务资源包，解决业务峰值，实现热线座席需求弹性伸缩，按需付费。还可同时处理多路来电，进行高并发处理，极大程度上减低拨打人员听到忙音或中途放弃，从而提高接通率，提高服务质量。引入OPUS 编解码技术，支持30％丢包时语音质量不受损，达到电信级可靠性；采用安全可靠的 Internet 网络链路，座席服务端通过web 请求，后台云实时处理反馈数据信息，无须传统中继线路，统一由云平台提供，并可按需定制化服务。平台采用统一的后台服务能力，使得平台的通信资源、AI 能力共享和统一调度，可实现资源的按需配置，弹性快捷的扩容，优化了政府部门呼叫中心资源配置模式。

5. 方案详细设计

方案详细设计原则如下。

（1）系统稳定性。平台具备长期高稳定性、高可靠性运行的能力。

（2）系统安全性。平台保证各个系统的安全性。

（3）系统可扩展性。平台具备良好的可扩展能力，能够根据客户的需求实现资源的随需调整，以满足企业客户业务发展需要。

（4）系统可管理性。客户只需投入少量人力，即可完成对企业座席群的全面维护与统一管理。

6. 方案部署实施

智能政务云通信服务平台部署在专业机房，业务系统部署在用户侧。在用户机房部署实施云通信语音网关、录音服务器和VPN（虚拟专用网络）前置服务器。云通信语音网关、服务器通过专用环网与智能政务云通信服务平台进行对接。座席部署可提供本地座席和远程座席两种模式。本地座席通过VPN专网实现话务对接，远程座席通过英特网与云平台连接。

智能政务云通信服务平台共提供三种服务模式，即通信系统上云、"通信＋业务"系统上云、云端人工智能服务。

智能政务云通信服务平台提供呼叫中心基础平台所有部件的一体化能力，有效降低系统集成和业务实现复杂度，并提供图形化的模拟开发环境，具备快速业务构造能力，实现通信与业务的一体化融合。

7. 案例总结

智能政务云通信服务平台自落户某区"中国电子人工智能、政务云基地"以来，已服务多个部委、地方政府服务机构，呼叫中心整体服务率≥99.9%。智能政务云通信服务平台提供"5×8"小时电话客服投诉受理服务，响应时间为在办公时间 1 小时内给予首次答复；政务云通信服务平台提供"7×24"小时电话客服报障受理服务，响应时间为在 2 小时内给予首次答复。

二、电商云

电商云是在云计算和大数据基础上，将行业领先的技术与电商生态系统的各个环节相连接，以移动为中心和全渠道电商创新相结合的，一切以企业预设功能为中心，全方位提供快速上线的电子商务解决方案。

案例：某连锁便利店电商平台建设

1. 案例背景

国内知名的便利店品牌林立，其中不乏有实力的国际巨头，这使得某便利店需要走出一条与众不同的道路，才能够在强手林立的市场里占据一席之地。餐饮、自有商品、电子支付、O2O（Online to Offline，从线上到线下）已经成为该便利店重要的四部分业务。

2. 用户需求分析

该便利店连锁便利业务，现有门店 100 多家，3 年内计划将门店总数增至 500 多家，现有扩增速度为一周 2—3 家以上，现有门店均在北京；后期会考虑扩展至国内其他一线城市。该便利店希望将其业务系统迁到云上，第一期部署的是 POS 系统（销售时点信息系统），后期计划上线移动商城、PC 商城等业务，在 3 年内组建一个全面且功能强大的电商平台。

该便利店面持续快速增长（从 100 家到 500 家），面临的问题包括：现有 IT 架构难以支撑：IT 建设前期一次性投入高，且售后运维、技术方案等服务没有保证；后期再扩容麻烦、交付周期长；总部—连锁店面高安全/低成本/准实时互联互通满足难；核心数据库访问压力大，需要集群化部署、高速存储网络；满足业务增长所需弹性的计算资源、存储资源紧缺。

3. 方案总体设计

经过长时间的论证和试验，该便利店选择了将云计算技术与便利店业务相结合，实现快速响应和灵活扩展。围绕客户诉求，某云服务提供商提出了混合云解决方案。

4. 关键技术

（1）虚拟化技术。云计算的虚拟化技术不同于传统的单一虚拟化，它是涵盖整个 IT 架构的，包括资源、网络、应用和桌面在内的全系统虚拟化，它的优势在于能够把所有硬件设备、软件应用和数据隔离开来，打破硬件配置、软件部署和数据分布的界限，实现 IT 架构的动态化，实现资源集中管理，使应用能够动态地使用虚拟资源和物理资源，提高系统适应需求和环境的能力。

（2）分布式资源管理技术。信息系统在大多数情况下会处在多节点并发执行环境中，要保证系统状态的正确性，必须保证分布数据的一致性。为了分布的一致性问题，计算机界的很多公司和研究人员提出了各种各样的协议，这些协议是一些需要遵循的规则，也就是说，在云计算出现之前，解决分布一致性问题是靠众多协议的。但对于大规模，甚至超大规模的分布式系统来说，无法保证各个分系统、子系统都使用同样的协议，也就无法保证分布一致性问题得到解决。云计算中的分布式资源管理技术解决了这一问题。

（3）并行编程技术。云计算采用并行编程模式。在并行编程模式下，并发处理、容错、数据分布、负载均衡等细节都被抽象到一个函数库中，通过统一接口，用户大尺度的计算任务被自动并发和分布执行，即将一个任务自动分成多个子任务，并行地处理海量数据。

5. 方案详细设计

利用云服务弹性架构，满足由于便利店快速扩张带来的资源增长需求，缩短门店扩张过程中对于 IT 资源的采购和部署周期，大大提升了 IT 系统上线的效率。采用云的模式，可以避免前期固定成本的投入，采用按年、按月的计费模式，节省了上线初期的成本。同时，由某云服务提供商提供底层运维保障，节省了该便利店大量的运维人力成本，将专业的事交给专业的人来做，既提升了运维服务的效率，也保证了平台运行的稳定性。

云服务弹性架构，满足业务快速增长需要的资源，无前期固定成本投入，某云服务提供商提供底层运维保障，快速部署、弹性在线扩容；通过 VPN 网络互联，增强客户 POS 系统交易数据安全性；通过混合云托管的资源管理能力，满足业务的高性能资源需求；通过混合云托管的"弹性＋突发"带宽能力，满足业务对高质量网络及突发带宽的需求，降低带宽消耗成本。

某云服务提供商为该便利店提供 VPN 网络互联，以及混合云架构满足业务突发需求。

6. 方案部署实施

该便利店选择某云服务提供商作为其新架构的供应商。目前，包括 POS、OA（办公自动化）、CRM（客户关系管理）、物流、网站等在内的大部分该便利店应用系统都已经被顺利迁移到某云服务提供商之上；而关键的数据库系统，则作为关键业务托管在某云服务提供商的数据中心之中。相较于传统各门店独立服务器的模式，这种新架构降低了运营成本和故障率；而与公共云相比，该便利店在这样的架构中获得了更好的数据保密性。与当下流行的私有云或者混合云服务不同的是，该便利店这种"新旧结合"的模式，最大限度利用了 IT 资源，性价比更高。

目前，该便利店已经建立起来了 BI 智能分析、自动补货、可视化商品陈列、CRM 顾客管理等多套系统，来为店铺管理、物流、内部协同等提供决策依据。

7. 案例总结

该便利店已经建立起零售分析系统、ERP 系统、WMS 仓储管理系统、门店管理系统、自营多渠道电商平台等多套系统，来为店铺管理、物流、内部协同等提供决策依据。使用某云服务提供商公有云解决方案，帮助该便利店的业务系统运行更加有序。总部可以实时统计店内销售与货物情况，并随时对物流加以调配；员工的工作流被规划得井井有条；弹性的架构，使得 IT 部门和业务部门可以随时增加新的应用。该便利店的所有员工都能够感受到云服务这种轻 IT 模式带来的便利。

三、金融云

金融云计算指利用云计算构成原理，将各金融机构及相关机构的数据中心互联互通，构成云网络，以提高金融机构迅速发现并解决问题的能力，提升整体工作效率，改善流程，降低运营成本，为客户提供更便捷的金融服务和信息服务。

案例：某保险公司云计算数据中心建设

1. 案例背景

近年来，以大数据、移动互联、社交媒体、云计算为基础的数字化技术，为保险业务模式和运营模式的改变提供了技术可行性。随着保险业务网络数字化，互联网保险创新模式逐渐成为保险业未来发展趋势，并在全球蓬勃兴起。

为了让客户更方便快捷地购买保险产品，某保险公司率先在业界实现互联网分销模式。在互联网模式之下，从用户提出需求到推出保险产品的周期比过去大幅度缩短，这就意味着留给开发人员部署的时间极其有限。一方面，在每天都有新业务上线需求的压力之下，现有网络架构以及已有的数据中心已经不能满足业务快速发展的需求，建设全新数据中心的需求日益迫切。另一方面，从数据中心的稳定性和可靠性考虑，还需要一个异地数据中心进行容灾备份。

综合考虑之下，该保险公司决定在成都建设云计算数据中心，目标是支持千万、甚至上亿终端用户需求。新数据中心的落成将构建云计算数据中心的生产能力和灾备能力，实现两地资源动态调配，提高基础设施资源利用率和提升灾难恢复能力，支撑业务不中断。

2. 用户需求分析

该保险公司主要有三个关键需求。

（1）构建可灵活调整的网络资源池架构。虚拟化是该保险公司默认的服务器部署策略。构建可灵活调整的网络资源池架构成为本次项目建设的目标之一。

（2）试点应用云计算数据中心大二层架构。该保险公司自成立以来就高度重视信息化建设，该保险公司成都云计算数据中心一期建设考虑试点部署云计算网络大二层技术。

（3）构建可动态感知业务的安全能力。该保险公司成都数据中心需要在数据中心网络内部进行安全域划分，对于安全域边界进行网络隔离，定义网络访问控制策略；提供云计算平台内虚拟化基础设施的安全保护能力，确保虚拟机的隔离。

3. 方案总体设计

在深入洞察客户需求的基础上，某云服务提供商提供敏捷数据中心网络解决方案。数据中心采用 TRILL（多链接透明互联）大二层架构，构建多个业务区服务器资源池，提升服务器资源利用率，减少 20% 的服务器开销成本。整体方案支持平滑演进到 SDN（软件定义网络），实现业务快速部署和上线。

4. 关键技术

面对金融机构在安全、性能、可靠性、合规等方面的严格要求，除传统的云计算服务之外，某云服务提供商还提供 DeC（专属云）、DeH（专属托管）、裸金属服务器、安全容灾等个性化服务能力，能够为金融客户构建灵活、可靠、安全、可控的云计算服务。

面向金融行业，某云服务提供商坚持构建"平台 + 生态"，以技术创新为立足之本，从芯片到硬件，从线上到线下，通过 IaaS、PaaS、DaaS（数据即服务）多类型云服务，为金融机构提供合规、专属、全栈、可靠、线下服务和平滑演进的解决方案。某云服务提供商构建了丰富的应用生态系统，与业界主流金融合作伙伴联手打造面向金融全业务场景的云化解决方案。

5. 方案详细设计

某云服务提供商 CE12800 数据中心交换机使用 CSS（集群交换机系统）二虚一集群技术，可以简化运维，通过 VS（虚拟

系统）一虚多技术，可以减少 30% 设备投资。同时，CE12800
支持 ISSU（无中断升级特性），可提供高于 99.999% 的可靠性，
保证业务全年"7×24"小时不中断。

T 级下一代防火墙 USG9500，部署在数据中心生产网出口，
支持双主控、毫秒级主备倒换，提供 99.999% 的高可靠保护。
构筑数据中心传输、安全管理，虚拟化安全运营以及生产网与
数据网的安全隔离等全方位立体安全防护架构，实现信息安全
风险管理、自助可控。中端下一代防火墙 USG6650，部署在办
公网出口，能够进行六维访问控制和 6000 多种应用识别。其简
化部署和管理维护可为用户降低安全防护成本，对关键业务的
带宽保护、应用加速以及出色的可视化报表能第一时间发现安
全问题和隐患。

在云计算试点区域部署 TRILL 大二层网络，满足服务器资
源共享和虚拟机迁移需求，后续部署某云服务提供商 Agile
Controller 控制器可以平滑支持成都数据中心网络、计算和存储
资源的自动发放和业务编排，通过云平台和 Agile Controller 可以
对集团内部业务和网络实现统一管理，实现集约与分散的有机
结合，发挥云化数据中心的最大效能。

6. 方案部署实施

本次该保险公司数据中心的各个分区出口都部署了某云服
务提供商 USG 系列防火墙进行安全保障。

7. 案例总结

由于移动互联网的高速发展，未来保险行业的竞争将更多

围绕产品和服务的差异化展开，做到以客户为中心。要做到这点，需要有强有力的技术支持，保险业依托 ICT 技术转型势在必行。凭借某云服务提供商领军业界的强大技术，该保险公司可以更自如地迎接保险业移动互联发展中的挑战，加大产品创新力度，提高运营效率，成功实现企业战略转型。

四、医疗云

医疗云是指结合医疗技术，在云计算、物联网、4G 通信以及多媒体等新技术基础上，旨在提高医疗水平和效率、降低医疗开支，实现医疗资源共享，扩大医疗范围，以满足广大人民群众日益提升的健康需求，提供全新的医疗服务的云平台。该平台提供包含互联网医院、互联网医联体、家庭医生签约、云药房、医疗 AI 辅助诊断、药械集采、智能医保等在内的数十种医疗云及人工智能解决方案。

案例：某医院云影像智慧医疗数据平台建设

1. 案例背景

自 2017 年以来，国家卫生计生委、国务院办公厅、国家卫生健康委等先后印发《关于印发进一步改善医疗服务行动计划（2018—2020 年）的通知》《关于促进"互联网＋医疗健康"发展的意见》《关于深入开展"互联网＋医疗健康"便民惠民活动的通知》等文件，要求各级医疗机构加快发展"互联网＋医疗健康"，实现远程影像诊断、会诊服务以及医学影像信息共享、检查检验结果互认等，提高医疗服务效率，让患者少跑腿、更便利，使更多群众能分享优质医疗资源。

对于医院信息科来讲，不仅面临着对影像大数据有序管理的压力，还面临着影像、临床科室等一线业务部门对影像数据应用环节提出的新需求，以及患者对优质、节约成本的数字影像服务的新要求。

在此背景下，某医院云影像智慧医疗数据平台应运而生。"云影像智慧医疗数据平台"由影像科和临床科室业务部门提出需求，由信息科整合国内领先技术建设实施，是以临床需求为指导、信息科提供技术支撑的典型案例。

2. 用户需求分析

目前，大多数医院是通过 PACS（医学影像存档与通讯系统）系统来进行影像数据的管理，以院内建设方式为主，大部分影像数据在院内局域网供医技科室及临床科室使用。分析当前现状，传统的院内 PACS 存在以下几个突出问题。

（1）发展极度不平衡。PACS 系统在等级以上医院的应用比例不超过50%，不同地区的二、三级医院的 PACS 发展阶段和发展水平差距很大。

（2）存储方式落后。大多数医院采用本地存储，医院独立维护多采用单点存储，缺少冗余备份，传统的存储架构无法满足实时业务需求和新影像技术发展的要求。

（3）调阅不方便。在线信息量少，查询速度慢，历史影像文件多采用光盘库或磁带库的存储方式，不能提供即时调阅，甚至无法调阅。

（4）患者对影像服务提出更高要求。移动互联网时代，大家习惯用手机发微信、付款、打车，患者如果还要拎着胶片跑来跑去，既不环保，也不方便。2018年浙江等地出台了关于数字影像的服务标准，患者扫一扫二维码，可以查看、下载自己的完整检查数据，这是云影像非常好的应用场景。

3. 方案总体设计

云影像平台支持对 DICOM（医学数字成像和通信）原始影像的多终端秒级调阅，实现医师的移动办公，提高医师的工作效率；通过便捷的远程诊断、会诊等功能，构建跨院医疗协作体系；基于影像大数据的人工智能应用，提高医师的诊断能力，并为病人带来更加优质的服务。基于自主知识产权的数据加密、无损压缩、GPU 渲染等核心技术，该云影像平台实现了安全与效率的平衡，为一线医师打造出了得心应手的业务工具。

4. 关键技术

在平台实际建设过程中，遇到了很多挑战。其中主要的技术关键点有以下三个。

（1）信息安全如何保护。该医院云影像智慧医疗数据平台在架构上选择了私有云方式，相比公有云具有更高的安全级别。在主机安全层面，按照三级等保标准对主机进行加固，包含密码复杂度、系统日志审计、访问控制、恶意代码防护、数据备份等，周期性进行漏洞扫描并修复，管理终端加入堡垒机管理，限制登录 IP；数据安全层面，数据流使用加密技术进行加密，数据进行脱敏技术处理后传输，数据安全审计进行控制和阻断；网络安全层面，接入某军医大学校园网，避免与公网直接连接，并使用 WAF（网站应用防护系统）、IPS（入侵防御系统）、防毒墙、防火墙等设备，在整体的网络流量传输过程中，保护业务连续性、安全性，对非法流量进行过滤和清洗，保证网络对业务的支撑；应用层面，使用专用的登录模块进行身份鉴别，具有访问控制、应用层安全审计功能，通信过程中采用密码技术保证数据完整性与保密性；管理层面，实行信息安全管理制度，设立信息安全专员，拥有完善的授权与审批制度。

（2）如何确保平台的影像调阅速度达到一线医生的使用需求。为达到高速性能指标要求，平台采用基于云计算的影像共享技术和高效影像编解码技术，提高上下行传输速度；在本地端采用基于 GPU 高速渲染、MR/CT 图像备份库、高维图像处理、异常图像预判等技术，保证图像下载到工作端后的快速呈现。

（3）如何保证系统的稳定性。基于云计算的系统架构，使得大数据处理能力非常强，辅以影像专用带宽、自动化运维、云防护等机制，可以达到对 PB 级大数据处理的稳定支持。

5. 方案详细设计

该医院云影像智慧医疗数据平台主要实现了以下功能。

（1）实现对 DICOM 原始图像的多终端秒级调阅。无论在院外还是院内，无论是通过电脑还是手机、PAD（平板电脑），影像和临床科室医生都可以快速查询患者原始数据，影像科医生还能随时随地写诊断报告，实现了自由办公。

（2）医生之间的沟通更紧密、更方便。患者的检查数据可在授权范围内自由共享，低年资医生与高年资医生之间、临床与影像医技科室之间，可以随时就患者的检查数据展开讨论、交流。

（3）跨院的医疗合作更加简单。在传统模式下，跨院医疗合作往往是通过派人到现场的方式来实现，但通过云平台，异地专家在获得授权前提下可以参与远程诊断和会诊，实现了"数据多跑路，专家少跑腿"。后期该医院的帮扶医院、合作医院加入平台后，基于业务的交流合作会越来越深入，该医院对合作单位的帮扶效果也会越来越明显。

（4）基于影像大数据的人工智能辅助诊断应用，能够提高医生的诊断效率，降低错诊、漏诊率。

（5）为患者提供数字影像在线查询、下载服务。患者轻轻松松获取原始 DICOM 检查数据和报告，减少排队等待时间，降低传统胶片用量，也降低了不必要的重复检查。

6. 方案部署实施

目前，该医院云影像智慧医疗数据平台每天新增 2000 余例患者检查数据，自项目实施以来，影像科室及临床科室已有超过 500 位医生注册，通过移动端调阅影像次数超过 3000 次，医生查房可使用随身携带的手机或 PAD 调阅患者的影像和报告。此外，医生每天通过移动端进行远程诊断，影像科室与临床科室通过分享患者数据进行的小型会诊数量也在不断增加。影像科、临床科医生纷纷表示工作比之前更加方便，科室间的沟通互动也更加密切。

云影像平台也是对医院整体信息化建设的完善与推动。新的在线存储管理系统支持多种存储架构和存储介质，提高文件系统性能，新的存储架构为实现云影像夯实了基础；在硬件升级基础上，软件进一步升级，其中通过 QR 技术支持影像数据的推送转发功能，实现了影像在移动端调用的可能性。

7. 案例总结

以该医院云影像智慧医疗数据平台为基础，后续还有很多应用价值可以挖掘。除了服务本院，该医院还承担了比较多的军地医疗协作任务，借助云影像智慧医疗数据平台，该医院将充分发挥龙头医院的作用，利用本院的优势特色学科，推广服务至体系保障单位和地方合作单位，实现优质医疗资源共享和辐射，为军地协同医疗体系建设发挥更大作用，为医疗强军兴军作贡献。

五、教育云

云计算在教育领域中的迁移被称为"教育云"，是未来教育信息化的基础架构，包括了教育信息化所必需的一切硬件计算资源，这些资源经虚拟化之后，向教育机构、教育从业人员和学员提供一个良好的云服务平台。

案例：某市智慧教育云服务平台建设

1. 案例背景

某市中长期教育改革和发展规划纲要（2010—2020 年）提

出"推动城乡教育一体化发展"的要求，该市教育局依据目前城乡教育信息化现状和未来发展趋势，需要对教育信息化软件平台做长期规划和建设，发挥现代信息技术在整合教育资源、提升教育质量等方面的重要作用，探索建立信息化教育新模式，不断提高师生信息化素养和能力，使城乡一体信息化成为提高工作效率和提升教学质量的有力支撑。力争率先把该市建设成为以"城乡一体先行区、优质资源富集区、素质教育样板区、改革创新先导区、人民满意认可区"为总要求的某省义务教育优质均衡发展改革样板点。

该市智慧教育云平台是一种县域范围内的智慧管理综合应用平台系统，是该市教育信息化中心围绕上述总体要求，基于该市教育区域特色而自主设计与开发的综合信息平台，其主要采用多层架构体系与云服务模式相结合的方式，将各类应用服务有效整合，实现基于师生校园行为的信息化管理，各类用户按不同的角色分别授权，为教育局、教研部门及学校提供综合管理和决策依据，为教师提供教学管理、学生管理的信息化应用环境。

2. 用户需求分析

目前，该市的教育系统在基础设施建设上的投入已有一定的基础，但如何能够最大限度地发挥这些设施的作用，如何将信息技术和网络技术与传统的教育教学、教育管理、科研活动进行结合，是新时期必须要解决的问题。建设该市智慧教育综合管理平台项目是一项投入少、产出高的工程，它将整合现有的各种教学资源，探索新环境下的教学方式，服务教育管理，提高工作效率和教学水平，着力推动信息技术与教育的深度融合，初步形成比较完善的教育信息化综合服务体系，为促进该市教育的均衡、优质、智慧、跨越式发展，实现该市教育现代化总目标提供良好服务和有力支撑。

3. 方案总体设计

该市城乡一体信息化教育综合管理平台具体包括四项内容：一个平台、三层支撑、两套体系、三个方向。

（1）一个平台。教育综合管理平台。

（2）三层支撑。感知层、传输层、基础支撑平台层。

（3）两套体系。信息化安全标准体系、信息化标准与规范体系。

（4）三个方向。具体受众将面向三个方面，分别是教育行政主管单位（教育局）、学校老师学生以及学校管理者、社会大众（主要包括学生家长）。

4. 关键技术

虚拟化是业务系统和 IT 硬件设备间的一次重要解耦，通过虚拟化后业务系统和虚拟资源映射，虚拟资源再和实际物理资源映射，实际的物理资源对业务系统变成黑盒，以在逻辑层形成标准化的虚拟资源池。虚拟化是云计算的基石，一方面通过虚拟化可以解决数据中心资源的整合问题，在整合过程中对计算、存储等各种资源进行标准化；另一方面通过虚拟化将资源切割为更小的可以更好调度的资源单位，以达到调度过程中充分利用硬件资源能力的目的。

5. 方案详细设计

(1) 基础支撑平台。基础支撑平台是管理平台各子系统的公共运行环境，提供底层数据交换、集成服务以及统一身份认证和基础数据同步服务。各类系统运行于公共基础平台之上，实现统一的系统登录、安全认证和基础数据共享。

(2) 教育综合管理平台。该市城乡一体信息化教育综合管理平台建设依托基础支撑平台，以丰富教学、管理应用服务为主，以丰富的教育信息化软件系统（如日常办公、公文流转、排班排课、学籍管理、教务成绩管理、学生成长档案等）为核心应用建设，实现学生的学籍等的电子化管理，为教育局、学校学生、老师、社会、家长提供灵活全面的综合管控服务。

6. 方案部署实施

第一阶段（2016 年）：夯实基础，试点创新。建设内容：一期项目分三个标段，智慧教育门户及统一身份认证系统、协同办公 OA 系统、教育基础库管理系统分别由三家公司承建，完成教育门户的框架布署及统一身份认证，单点登录；基础库管理系统完成学生、教师、机构三个数据库基础建设；重点推广协同办公 OA 系统的使用。

第二阶段（2017 年）：以点带面，全面推进。建设内容：在第一阶段完成门户框架部署的基础上，重点推广门户网站的资源库、教师个人空间、学生个人空间的建设；推进平台教学助手、互动课堂、"家校帮"的试点应用，以点带面；完成基础库补录系统，进一步增强基础库数据处理能力；在进行充分需求调研的基础上进一步完善协同 OA 办公系统的功能模块建设。云计算基础支撑平台扩展，中小学虚拟仿真实验，物联网应用试点和智慧学习试点等。

第三阶段（2018 年）：优化提升，拓展应用。建设内容：优化基础支撑平台，完成教育数据中心、教育资源库中心和应用服务中心建设；综合管理服务平台、学生服务平台、家长服务平台、教师服务平台四大服务平台建设，完成教育资源公共服务平台和教育管理公共服务平台建设。

7. 案例总结

从该市智慧教育云平台的教学应用看，该平台聚焦基于"云端一体化智能互动教学平台"在教学形式改变（模式创新与应用）、学习分析（智能分析与个别化指导）及基于平台的区域范围内的评价管理和学习过程管理，可以说抓住了教学、评价、管理三个核心层面的内容。从教学应用的实践方面看，具有一定的创新性。

六、能源云

能源云是利用大量应用软件、控制元件、网关、智慧能源管控平台和节能减排控制系统等，对能源生产和能源消费状况进行实时监控、可视化管理，开展数据分析，推行风险管理、健康诊断，提高能效、降低排放、低碳化管理等的云平台。通过挖掘真实可靠的能源生产和消费数据，为全国各种能源生产和消费单位甚至为家庭提供直接服务，也为政府购买第三方服务创造了条件。

案例：某电网公司 Open Stack 电力云平台建设

1. 案例背景

某某电网覆盖中国 26 个省市、88% 的国土面积。该电网公司的信息化建设面临着地域跨度大、异构化管理、利旧观念等问题。

某云服务提供商基于 Open Stack 框架研发了该电网公司的基础设施云平台，采用构建于英特尔硬件平台的软件定义基础设施解决方案。

该电网公司依托云平台的虚拟化（资源池化）、标准化和自动化技术，可以实现在自主可控程度的提升、运维效率的提升、服务质量的提高、整体成本的降低和支持业务层面更高的利润收益。

2. 用户需求分析

该电网公司是非常大的系统，各个省公司都有很多旧设备，由于它的发展周期比较长，网络非常复杂，覆盖到大多数省市，每个省市都有几百个机器，机房老旧。原来的布局规则比较复杂，要想把现有环境和开源的整体架构结合起来，需要克服很多困难。

除了面对传统信息化建设转型的挑战，该电网公司还面临着来自"互联网+"的压力。以前，该电网公司强调的是信息化服务于内部管理，但在"互联网+"的大环境中其业务形式、服务理念需要改变，该电网公司认识到信息化一定要服务于用户，用户体验才是"互联网+"潮流中的主要竞争力。

该电网公司作为国家范围内特大规模基础设施层的代表，拥有体量巨大、结构复杂、多地级联的数据中心设施，长久以来一直使用传统竖井式及孤岛式的管理方式，使用新型数据中心运行模式，资源池化并可弹性按需提供服务势在必行。

3. 方案总体设计

方案的目标是构建支持应用自动构建、自动收缩扩展、自动负载均衡的高可靠云平台。整体架构的核心是围绕 OpenStack，集成开源分布式存储平台 Ceph、开源或商用的 SDN 方案、高度定制深度集成的监控及日志收集分析产品，提供一体化的高性能云计算解决方案。

4. 关键技术

（1）统一"物理分散"的数据中心互通接口，规范"存量复杂"的异构资源调度方式。基于分布式存储，构建一个符合主流技术、易于扩展、高可用、具备国产自主可控的云计算基础设施管理方案。

（2）实现异构虚拟化的集成，除兼容 VMWare、KVM、XEN 等标准虚拟化平台，还可以兼容该电网特有的 UVP、SG－VCS 等国产虚拟化平台。

（3）通过存储虚拟化技术，实现对集中式 FC 存储（HDS、HP、EMC 等）和分布式存储（Ceph）的统一管理和调度。

（4）基于 DevOps 技术，实现物理资源的自动发现和入池、虚拟机操作系统的自动巡检和补丁下发功能，构建自动化运维模式。

（5）结合 FWaaS（防火墙即服务）、VPNaaS（虚拟专用网络即服务）和安全组技术，对租户的隔离和访问进行加固，为系统安全保驾护航。

（6）结合 SDN 控制器和 VxLAN（虚拟扩展局域网）技术，实现对物理服务器资源在不同等保网络间的调度。

5. 方案详细设计

技术实现上，通过"开源软件＋定制化开发"模式，实现整个云服务平台，即将开源的自主可控和"商用的"稳定高效紧密结合。通过集成 Ceph 存储实现平台整体存储后端的统一，提供 EB/ZB 级别可自主掌控的存储容量池；结合商用或开源的网络解决方案，提供近乎原生的性能同时实现高层的服务，如负载均衡、防火墙、物理拓扑自动发现、物理流量动态监控等。

6. 方案部署实施

"十一五"阶段，该电网公司整合了分散的信息化系统，对分散在全国的基础设施进行统一建设、管理及设计，将全国各地 100 多个数据中心精简整合为 20 多个，使该电网的信息化建设开始走向精益、集约、高效管控的新阶段。

"十二五"阶段是该电网云起步阶段，同时也是信息化的创新阶段。该电网公司将全国数据中心近万台服务器及大多数应用点，用资源池的形式进行重构组合，并通过定制资源池总体设计、制定入池规范、建设云管理平台等手段，使该电网进入云计算部署阶段。

该电网公司进入云计算全面建设的"十三五"阶段后，引入 Open Stack 开源云管理平台，从之前的闭环方式正式迈向开源方式。

7. 案例总结

该电网公司的云平台，首先要能够管理混合式架构，在"互联网＋"模式下，该电网在保持传统集中式架构的基础上，增加分布式架构，这样既能保留集中式架构资源集中及高信息利用率的优势，又能拥有分布式架构的高扩展性。其次，该平台能够提供标准化服务，既能做到整合分装，保证对外的简单易行，又能保证系统内部各组件的无缝集成。

七、工业云

工业云是指使用云计算模式为工业企业提供软件服务，使工业企业的社会资源实现共享。工业云能降低企业信息化门槛，让更多中小企业以较低成本切入信息化领域，有助于减轻制造业的 IT 运营成本，进而提升整体制造业竞争实力。

案例：某矿业公司云平台建设

1. 案例背景

由于科学技术的进步和生产力的发展，经济日益市场化、自由化和全球化趋势，使得企业之间竞争变得越发激烈，各个企业面临缩短交货期、提高产品质量、降低成本和改进服务的压力。同时，全球经济已进入供应链时代，企业与企业之间的竞争开始转化为企业所处的供应链与供应链之间的竞争。在智能制造环境下，打造智慧、高效的供应链，是制造企业在市场竞争中获得优势的关键。智慧供应链的创新发展，将根本改变现代企业的运作方式，推动整个制造业发生重构与迭代。

某矿业公司是中国最大的铜产品生产基地和重要的硫化工原料及金银、稀散金属产地。公司业务涵盖多金属矿业开发、硫化工产业，以及支持矿业发展的金融、投资、贸易、物流、技术支持等增值服务体系，在多个国家建立了矿业基地。

2. 用户需求分析

该大型矿业公司作为一家历史近50年、在世界各地拥有多个制造和销售中心的企业，如何协调世界各地工厂的采购、生产和销售，使其能够整合在一个架构之下，像人体的各个部分一样即时协调工作，是首先要解决的问题。

3. 方案总体设计

基于ERP基础，融合云计算、物联网、大数据、微构架等技术，建立集采购运行管理、智能仓储管理、供应商管理、物料主数据管理、公开寻源、电子招投标、网上采购、财务结算等功能于一体的智能供应链管理平台，实现多环节全流程供应链协同。

4. 关键技术

（1）基于微服务架构将核心业务抽象为独立微服务，并部署至云端，提高项目的可扩展性、可维护性与可继承性。

（2）开源的系统架构，前后端分离，大大提高系统迭代效率和质量，实现低成本、快部署、轻实施、易运维、可集成、强安全。

（3）运用实时计算、大数据、云计算等技术，统计分析采购、仓储及维保情况，优化资源配置，实现业务管理透明化，为供应链管理提供决策支持。

5. 方案部署实施

（1）平台设计及搭建。采用微服务架构，以微服务架构自建云端管理平台，拆分垂直领域的服务，确保系统功能稳定性，大大降低运维的难度与风险。

（2）平台开发。采用前后端分离技术，提高系统迭代效率和质量；采用开源的流程引擎，支持审批流灵活配置；基于TOKEN安全验证机制，确保数据和网络安全；设置独立的管理运维平台，包括服务注册、发现、路由、熔断、监控等。

（3）平台建设。平台与多个外部系统对接，包含原ERP、招投标平台、1688电商平台、OA系统、九恒星系统等，精准适配常见协议，同时通过统一身份认证实现各个系统的单点登录。

6. 案例总结

从计划、采购、电子合同、结算管理、仓储、物流到设备全生命周期管理等业务全流程的全面数字化、智能化建设，颠覆了该公司传统的管理模式，助推智能化管理转型标杆建设。基于该平台强大的设备管理、资产管理、生产优化、运营优化、后市场服务等能力，提升了该公司的供应链响应速度，供应链响应速度提升30%；降低了企业采购成本，供应商采购全流程在线操作，企业业务人员沟通成本及单据工作量减少70%；提高了工作效率，实行智能仓储管理，摆脱手工账，实现无纸化办公、移动化办公，仓管人员工作效率提升80%。

八、智慧城市云

智慧城市的发展将促进生产方式的转变，同时也有利于解决城市化发展中的一系列"城市病"问题。智慧城市建设将有利于提高政府公共服务水平，改善居民生活。智慧城市的建设离不开物联网、云计算、下一代互联网技术等新兴信息技术，它们也正以其独有的渗透性、冲击性、倍增性和创新性席卷全球，推动着以智能、绿色和可持续为特征的新一轮科技革命和产业革命的来临。

智慧城市是以多应用、多行业、复杂系统组成的综合体。多个应用系统之间存在信息共享、交互的需求。各不同的应用系统需要共同抽取数据综合计算和呈现综合结果。如此众多繁复的系统需要多个强大的信息处理中心进行各种信息的处理。要从根本上支撑庞大系统的安全运行，需要考虑基于云计算的网络架构，建设智慧城市云计算数据中心。在满足上述需求的同时，云计算数据中心具备传统数据中心、单应用系统建设无法比拟的优势：随需应变的动态伸缩能力以及极高的性能投资比。

案例：某地云计算中心城市智慧云建设

1. 案例背景

某地云计算中心建筑面积1.8万平方米，第一阶段设备和软件系统投资1.5亿元，项目完工后提供约36000个虚拟计算能力，云存储容量达17PB，提供基于IaaS、PaaS、SaaS的云服务以及IDC主机托管服务。项目总体目标：建设政务私有云，提高利用率，节能降耗；全面云实现的数据中心；面向互联网的公有云服务。

2. 用户需求分析

（1）政府各委办局自建系统导致信息化投入较大，且各自为战，无法有效整合。

（2）传统IT模式运维难度较高，没有统一的管理，没有统一的运维，没有有效的监控手段，没有有效的安全管理，没有对于海量数据的低成本存储。

（3）没有统一的规范和标准，致使多个委办局迁移到同一平台下出现混乱的状态。

3. 方案总体设计

以云计算数据中心业务运营的两大内容为主线：云基础设施、云服务产品，实现业务运营服务的全过程、全生命周期管理，为智慧城市SaaS服务商能够供应快速、灵活和丰富的产品线提供支撑平台，全面满足智慧城市业务运营支撑的需要，为提供者和使用者之间建立完善灵活的商业关系，推动云计算数据中心健康、可持续发展。

4. 关键技术

（1）跨虚拟化软件和云操作系统的云计算资源调度管理。通过对云计算基础设施上运行的多种虚拟化软件和云操作系统，包括 VMWare、KVM、Xen、LXC、Docker、CloudStack、OpenStack 等主流软件进行集成式管理，包括虚拟机发现注册、资源库存收集、虚拟机状态监控、虚拟机更新管理、虚拟机迁移、虚拟机生命周期管理等功能，实现云计算资源的统一综合管理，在 IaaS 层面提供分布式实例化服务。

（2）涵盖 Hadoop 大数据处理架构。提供 Hadoop 框架、NoSQL 数据库、关系数据库、消息队列、应用容器等各类组件的自动安装部署和手动一键式安装部署功能，全面支撑大数据分析与处理。

（3）基于 SOA 服务总线的 PaaS 平台技术。建立基于 SOA 的 PaaS 平台，提供统一的开发框架、统一的服务容器，使得服务级别在平台层进行统一。涵盖主流的 DevOps 持续交付、微服务、Docker 容器特性。

（4）与 SaaS 服务的无缝集成技术。建立 SaaS 云服务管理总线，采用自主的 SOA（面内服务的架构）服务通道模式、云服务接入引擎，通过服务定义开发、流程定义绑定、服务流程模式、服务活动监控等系统功能，支持松耦合设计，不依赖于特定的 SaaS 厂商，实现与 SaaS 的无缝集成。

5. 方案部署实施

云计算数据中心业务运营及运行支撑平台包括顶层的自服

务门户和统一门户，中层的运营支撑平台、管理支撑系统和运维管理系统，底层的云计算资源调度管理平台、云存储资源管理系统和运行监控系统及环境监控系统九大部分。以云计算数据中心业务运营的两大内容——云基础设施、云服务产品为主线，实现业务运营服务的全过程、全生命周期管理，为智慧城市 SaaS 服务商能够供应快速、灵活和丰富的产品线提供支撑平台，全面满足智慧城市业务运营支撑的需要，为提供者和使用者之间建立完善灵活的商业关系，推动云计算数据中心健康、可持续发展。

6. 案例总结

通过该项目建设，使该地大部分信息化资源进行了整合及优化，降低了各委办局的基础设施运维难度。云计算解决方案和运维体系标准，加强了该市政府信息系统的稳定性和高可靠性。

第五节　云计算与国家治理体系建设

随着信息化、全球化及后工业社会的加速发展，各国经济社会发展环境日趋复杂，自然灾害、事故灾害、公共卫生事件和社会安全事件等各类突发公共事件的风险性与危害性日益凸显，给各国治理带来了极大的风险和挑战，传统的治理模式难以有效应对面临的社会问题与时代挑战。与此同时，世界各国发展面临的挑战与机遇并存。联合国发布了《大数据促发展：挑战与机遇》白皮书，指出大数据为各国的发展提供了一个历史性的机遇。以大数据、云计算、物联网等为代表的新一代信息技术的高速发展，为治理创新提供了新思路、新技术和新方法，促使治理体制由碎片化向网络化转变，治理方法由以有限个案为基础向"用数据说话"转变，治理方式由静态向动态转变，治理决策由经验参考向数据驱动转变，推动传统政府治理向智慧政府治理模式转型。

在我国，习近平总书记多次就云计算等现代信息技术发表重要讲话，中央政治局多次开展专题学习，党中央高度重视新技术在国家治理体系和治理能力现代化中发挥的重要作用。习近平总书记在关于党的十九届四中全会《决定》的说明中指出，要更加重视运用人工智能、互联网、大数据等现代信息技术手段提升治理能力和治理现代化水平。此外，中央多次强调科技的运用。党的十九届四中全会《决定》指出，建立健全运用互联网、大数据、人工智能等技术手段进行行政管理的制度规则；推进数字政府建设，加强数据有序共享，依法保护个人信息；加强和创新互联网内容建设，落实互联网企业信息管理主体责任，全面提高网络治理能力，营造清朗的网络空间；必须加强和创新社会治理，完善党委领导、政府负责、民主协商、社会协同、公众参与、法治保障、科技支撑的社会治理体系；等等。提高国家治理能力，需要重视基于云计算的数据基础设施：海量的数据需要有效地处理和管理，未来大数据的存储和计算系统将成为社会发展的基础设施，就如同水和电一样，是人们生活不可缺少的。一个城市的政府治理能力如何，可以用这个城市的数据基础设施的规模和水平来衡量。可见，云计算等信息技术在国家治理体系和治理能力现代化进程中有广泛运用空间。

总而言之，国家治理是以法律为基础，以制度为保障，由政府主导、社会参与、多元主体相互协作，并形成社会网络，进而构成政府和社会间有效互动的治理机制，推动社会的有序运转。

一、治理主体的协同性

治理要求主体的多元化，而治理主体的多元化面临的问题是如何有效地协同沟通。智慧政府治理主体能够实现协同性，关键是在政府的主导下，基于大数据、互联网和云计算等现代技术，建设智慧政府进行社会治理的云平台，整合动员社会各个阶层、各类组织和各种团队的力量共同参与政府治理：利用互联网技术打造信息互联互通平台，打破"信息孤岛"和"数据烟囱"，实现政府治理主体联动与信息资源共享，形成政府主导、部门联动、企业支持、社会参与的互联互通的网络协同治理新格局。基于云计算的大数据生态系统致力于构建一个政府、社会、企业和公民等相关治理主体各方都能对大数据进行充分获取、存储、组织、分析和决策的公共云服务环境和平台。同时，移动通信工具和互联网的相互结合能够提供更高的能力和更有效的服务，建立互动的交流机制以方便及时沟通和协同。智慧政府治理更强调政府与治理主体的合作与互动，通过强调社会、企业和公民的积极参与以及公共组织的积极回应，从而在政府与治理主体之间建立相互信任、相互依赖、相互合作的新型合作协同关系，最终实现多元协同共治。

二、治理对象的复杂性

现代社会公共事务日益繁杂，社会环境日益多变，公众的需求日益多样化、个性化，因而智慧政府治理的对象日趋复杂。随着全球化、信息化和网络化时代的到来，社会中的各类要素以一种更为迅捷的速度在更为广阔的空间中流动，人类社会变得越来越充满风险和不确定性。传统的政府治理要全面了解复杂动态环境中各类社会事件发生和变化的情况，从时间、精力、成本等方面来说都难以实现，而智慧政府治理借助大数据、云计算技术能及时全面感知社会事项。快速、在线、共享是大数据处理技术和传统的数据挖掘技术最大的区别。快速主要包括两方面：一是指数据产生快，二是指数据处理快。在海量数据的基础上，智慧政府治理能及时感知识别日益繁杂的社会公共事务，实现社会问题的及时发现和及时处理；智慧政府利用互联网技术进行动态需求调查，建立居民需求数据库，及时准确捕捉公众需求热点，多维度、多层次细分用户需求，并及时高效地做出回应，为公众提供精准化、个性化的服务。

三、治理过程的透明性

只有让权力在阳光下运行才能有效解决腐败问题，因而提高政府治理过程的透明度是法治政府的应有之义。要提升政府治理过程的透明度必须借助云计算、大数据、区块链等现代信息技术手段让政府信息公开，让政府数据开放，让政府政策透明，让权力运行透明，让群众看得到、听得懂、信得过。只有一个负责任的政府，才能赢得公众的信任和信赖，而只有开放透明的政府才能更加负责任。智慧政府治理将以政务云平台为基础，结合共享交换平台、物联网平台、移动管理平台等信息资源基础设施及一系列基础信息资源库，将一系列政府治理过程予以透明化，利用智慧政府治理大数据中心的权限开放，向社会发布数据及行政过程，接受社会监督，让权力在阳光下运行。

四、治理技术的迭代性

大数据、云计算、人工智能等现代信息技术的发展日新月异。智慧政府治理技术的迭代性，指政府需要利用快速发展的信息技术克服决策者的有限理性，提升政府治理的前瞻性、谋划性和可操作性。以往的政府治理过程中的有限理性在一定程度上阻碍了治理科学化的实现。造成有限理性的原因主要是信息缺失、信息量不足，而容量巨大、规模完整的大数据很大程度上改善了政府治理的有限理性。智慧政府治理通过传感器、移动终端、感应装置等设备采用分布式计算架构，依托云计算的分布式数据库、云存储和虚拟化技术，实现从数据搜集、信息传输、知识挖掘到政策制定、信息反馈等决策程序的连续进行和即时完成，能为政府治理提供全天候的服务和支持。智慧政府治理通过数据的关联性分析处理，挖掘数据特征并预测发展趋势。将不确定因素予以趋势化处理，通过结构化的系统性感知网络，借助人机交互的数据可视化与决策自动化过程，一定程度上加强了政府决策与治理的前瞻性、谋划性和可操作性。

五、治理目标的公共性

公共利益最大化是政府治理的目标。智慧政府治理的公共性，是指利用以大数据为代表的新一代信息技术提高政府治理的民主性和监督性，激发政府治理主体的公共利益导向和动机。借助现代信息技术有助于加强政策制定的民主参与以及监督问责。一方面，政府治理利用云平台拓展群众参与政府治理的渠道，利用互联网技术开展动态诉求调查并建立居民诉求数据库，及时准确掌握群众的诉求，深化民主治理，促进政策的普惠性；另一方面，政府治理利用政务云平台、共享交换平台、物联网平台、移动管理平台等信息资源基础设施及一系列基础信息资源库展示政府治理行为的全过程，实现决策留痕，加强监督问责，促进程序的公开和透明。因此，智慧政府治理有助于约束推动政府治理主体以维护公共利益和令公众满意为行为目标。

第五章　云计算发展趋势展望

云计算技术经历了过去十年的发展，已经在诸多领域实现对传统 IT 的全面超越。未来，云计算仍将迎来下一个黄金十年。一是随着新基建的推进，云计算将加快应用落地进程，在互联网、政务、金融、交通、物流、教育等不同领域实现快速发展。二是全球数字经济背景下，云计算成为企业数字化转型的必然选择，企业上云进程将进一步加速。三是新冠肺炎疫情的出现，加速了远程办公、在线教育等 SaaS 服务落地，推动云计算产业快速发展。在云计算、大数据、人工智能物联网、移动化技术快速发展的背景下，全面上云、云网融合、云边协同必将成为时代发展的必然趋势，云的安全性也将成为人们广泛关注的焦点。

第一节　全面上云

2019 年被誉为是全面上云的一个重要拐点，全面上云是当今时代发展的必然趋势。

何为"全面上云"？简单来讲，就是将传统行业的生产运作方式改为在云端，利用人工智能技术来处理大数据。具体来讲，是指企业通过高速互联网络，将企业的基础系统、业务、平台部署到云端，利用网络便捷地获取计算、存储、数据、应用等服务①。上云可以上公有云、私有云、混合云，只要采用主流的云计算标准，实现标准化即是上云。企业全面上云将有利于降低企业成本，构建工业互联网创新发展生态，促进实现制造业全过程、全产业链和产品全生命周期的优化，提升制造业与互联网融合发展水平。

IDC（国际数据公司）2019 年发布的《全球云计算 IT 基础设施市场预测报告》② 指出，2019 年全球云上的 IT 基础设施占比超过传统数据中心，成为市场主导者，All in Cloud（全面上云）时代已经到来。在数字经济时代，全面上云帮助企业持续保持增长甚至加速增长，并能带给消费者更好的体验。据《中国云计算产业发展白皮书》分析，预计 2023 年政府和企业上云率将超过 60%，上云深度将有较大提升③。同时，企业上云对于降低成本增加效益的作用是明显的，中国信息通信研究院的云计算发展白皮书指出，95% 的企业认为使用云计算可以降低企业的 IT 成本，其中，超过 10% 的用户成本节省在一半以上。另外，超四成的企业表示使用云计算提升了 IT 运行效率，IT 运维工作量减少和安全性提升的占比分别为 25.8% 和 24.2%。可

---

① 姜文超、陈仁坦、刘轩：《企业上云发展现状及路径研究》，《新型工业化》2020 年第 4 期，第 89—92 页。

② IDC：《全球云计算 IT 基础设施市场预测报告》，2019 年。

③ 国务院发展研究中心目标技术经济研究所：《中国云计算产业发展白皮书》，2019 年。

见，云计算将成为企业数字化转型的关键要素。

在未来十年里，将会有越来越多的企业把上云这句口号变成现实。在浩浩荡荡的上云热潮中，越来越多企业会共享云上福利。各地政府纷纷鼓励加快推动开展云上创新创业。支持各类企业和创业者以云计算平台为基础，利用大数据、物联网、人工智能、区块链等新技术，积极培育平台经济、分享经济等新业态、新模式。[1]

第二节　云网融合

近年来，随着全球云计算技术的迅猛发展，越来越多的企业开始采用云计算技术部署信息系统。为了保障企业上云的正常进行，企业对网络也产生了新的需求，云网融合应运而生。云网融合是指企业数字化的全栈服务（DICT），也就是端到端的企业数字化解决方案，包括 IT 产品、网络、体验等。云指的是云计算；网指的是网络。云网融合是基于业务需求和技术创新并行驱动带来的网络架构深刻变革，使得云和网高度协同、互为支撑、互为借鉴的一种概念模式[2]。

云网融合的服务能力是基于云专网提供云接入与基础连接能力，通过与云服务提供商的云平台结合，提供覆盖不同场景的云网产品，如云专线、软件定义广域网（SD－WAN），并与其他类型的云服务（如计算、存储、安全类云服务等）深度结

---

① 工业和信息化部：《推动企业上云实施指南（2018—2020 年）》，2018 年。
② 云计算开源产业联盟：《云网融合发展白皮书（2019 年）》，2019 年。

合，最终延伸至具体的行业应用场景①，并形成复合型的云网融合解决方案。当前云网融合服务能力体系已经形成，主要包括三个层级，最底层为云专网，中间层为云平台提供的云网产品，最上层为行业应用场景，如图5—1所示。

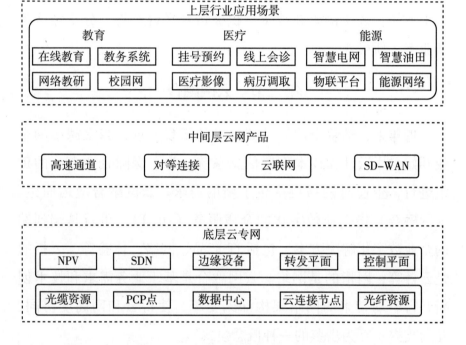

图5—1 云网融合服务能力体系架构
资料来源：《云网融合发展白皮书》

云网融合按照实际需求的不同，分为混合云、公有云内部互通、跨服务商公有云互通三种应用场景②。

---

① 中国信息通信研究院：《云计算发展白皮书（2019年）》，2019年。
② 苏越：《云网融合现状与趋势分析》，http：//www.caict.ac.cn/pphd/zb/2018kxy/15pm/6/201808/t20180815_181952.htm。

一是混合云，是指本地计算环境与公有云资源池之间高速链路的打通，本地计算环境指的是本地数据中心、监控平台、企业自有 IT 系统等。

二是公有云内部互通，是指同一云服务提供商不同云资源池之间高速链路的打通，这些互联的云资源池可以在相同的地域，也可以在不同的地域，并且可以属于不同的用户。

三是跨服务商的公有云互通，是指企业可以选择多家云服务提供商的产品，在跨服务商的公有云内部互通场景下，保证不同云服务提供商的云资源池互联互通，通常提供该解决方案的云服务提供商与其他云服务提供商达成合作，预先将其他云服务提供商的资源池与自己云专网做联通。

第三节　云边协同

边缘计算是网络体系和平台体系的重要支撑技术，是网络、平台功能在边缘侧的映射。从网络侧看，边缘计算是在靠近物或数据源头的网络边缘侧构建的融合网络、计算、存储、应用核心能力的分布式开放体系和关键技术。通过边缘计算能够"就近"提供边缘智能服务，满足工业在敏捷联接、实时业务、安全与隐私保护等方面的需求[①]。

目前，云计算的概念都是基于集中式的资源管理提出的，采用多个数据中心互联互通形式，将所有的软硬件资源视为统

---

① 工业和信息化部、国家标准化管理委员会：《工业互联网综合标准化体系建设指南》，2019 年。

一的资源进行管理、调度和售卖。随着5G、物联网技术的发展，云计算应用种类和数量不断增加，集中式的云平台无法再满足终端侧"大连接、低时延、大带宽"的云资源需求。云边协同技术应运而生，它是指将云计算的能力拓展至距离终端更近的边缘侧，并通过云边端的统一管控实现云计算服务的下沉，提供端到端的云服务①。

边缘计算于近几年兴起并持续受到业界的广泛关注，与云计算协同互补的理念深入人心。5G的普及将进一步推动新一代信息技术与各行业领域的深度融合，催生丰富的新应用、新业态、新模式，云计算需求将得到持续激发，边缘计算也将得到有力激活。据IDC统计，到2025年，超过50%的数据需要在网络边缘层进行分析、处理和存储。目前，各方产业力量正面向5G时代，大力布局云边协同技术的发展。三大电信运营商积极部署5G和边缘计算融合，提供高性能、低延迟的网络服务，并与合作伙伴探索边缘侧的计算、存储服务和行业应用。云计算骨干企业纷纷发布相关产品和服务，将云计算能力扩展到边缘侧。

伴随5G商用和边缘计算产业生态的不断完善，工业互联网、虚拟现实、智慧交通、无人驾驶以及许多目前想象不到的云边协同场景有望加快落地、走向应用。

---

① 阿里云计算有限公司、中国电子技术标准化研究院：《边缘云计算技术及标准化白皮书（2018）》，2018年。

第四节　云原生技术

过去十年，云计算技术发展迅猛，云的形态也在不断演进。基于传统技术栈的应用包含较多开发需求，而传统的虚拟化平台只能提供基本的运行资源，云端强大的服务能力还有待于进一步开发。云原生概念的出现在很大程度上改变了这一状况。云原生是一系列云计算技术和企业管理方法的集合，它专为云计算模型而开发，用户可以快速将这些应用构建和部署到与硬件解耦的平台上，为企业提供更高的敏捷性、弹性和云间的可移植性。

从技术方面看，云原生技术具有以下特征：一是极致的弹性能力，云原生技术以容器技术为基础，弹性响应时间可实现秒级甚至毫秒级；二是服务自治故障自愈能力，基于云原生技术栈构建的平台具有高度自动化的调度分发机制，可以实现应用故障的自动摘除与重构，具有极强的自愈能力；三是大规模可复制能力，可实现跨区域、跨平台甚至跨云服务提供商的规模化复制部署能力。

在容器及编排技术、微服务等云原生技术的带动下，在云端开发部署应用已经是大势所趋，重塑中间件以实现应用向云上的变迁势在必行。在保证业务代码不变的情况下，完成企业应用上云，中间件起到了至关重要的作用。中间件是一种连接操作系统、数据库等系统软件和应用软件之间的分布式软件，通过提供标准接口和协议来解决异构网络环境下分布式应用软件的互连与互操作问题①。

云原生是面向云应用设计的一种思想理念，充分发挥云效能的最佳实践路径，帮助企业构建弹性可靠、松耦合、易管理、可观测的应用系统，提升交付效率，降低运维复杂度。

第五节　云的安全性

随着云计算应用的日益普及，尤其近些年云安全事件频发，云上安全问题越来越受到用户的重视。随着人工智能技术的不断发展，国际和国内厂商日益重视人工智能与安全领域的深度融合。工业和信息化部印发的《促进新一代人工智能产业发展三年行动计划（2018—2020 年)》中指出，应"完善人工智能网络安全产业布局，形成人工智能安全防护体系框架"。安全厂商和云服务提供商纷纷布局人工智能安全，推动人工智能技术在安全领域落地应用，助力企业建设覆盖风险预测、主动攻击防御等的新型安全运营体系。

智能安全检测与防御产品以解决某一类安全问题为目标，将传统的安全技术与人工智能相融合，聚焦某一类或几类的数据，提供更智能化的分析、检测、预测和处理模式，突破传统安全技术的局限。典型产品功能包括：用户行为分析，智能感知用户异常行为；高级威胁防护，深度挖掘云环境潜在威胁，威胁情报提供大规模、实时网络安全威胁数据；态势感知平台

---

① 中国信息通信研究院：《云计算发展白皮书（2020 年)》，2020 年。

提供云环境总体安全态势，为用户决策提供支撑。

近年来，随着云原生技术的发展，原生云安全理念应运而生。原生云安全旨在将安全与云计算深度融合，推动云服务提供商提供更安全的云服务，帮助云计算客户更安全地上云。云服务提供商可以从三大方面充分发挥自身安全能力优势，不断促进云平台安全原生化：一是从研发阶段关注云计算安全问题，前置安全管理；二是落地应用新兴安全技术，推动云平台整体安全；三是提高交付云服务的安全性，重点关注包括外部环境、云平台、管理流程、人员管理、合规管理以及业务连续性管理等方面。

第六节 云际计算

许多发端于本土的互联网服务已越来越全球化，而全球化的互联网服务需要规模化、全域化和个性化的云基础设施支持。互联网的发展趋势是在持续的对等连接中演化成为覆盖全球的基础设施的服务，云计算应该也将在对等连接的持续演化过程中成为覆盖全球的一种服务网或服务型基础设施。当前，有专家学者提出了云计算未来发展的新形态和新概念——云际计算。云际计算是以云服务提供商之间开放协作为基础，通过多方云资源深度融合，方便开发者通过"软件定义"方式定制云服务、创造云价值的新一代云计算模式。这其中的核心是对等协作和软件定义。未来跨云计算的需求也将越来越突出，如何跨越多云为应用提供服务，实现多云之间的开放协作和深度合作，也是资源泛在化背景下的一个重要课题。我国已启动相关重点研发项目，力求在云际计算的模型、机制和方法方面取得突破，形成标准规范；构建云际计算原型系统，验证模型、机制和方法以及标准规范的有效性；推动我国云计算技术从"跟跑并跑"并存向"并跑领跑"的转变。

附　录

云计算技术相关政策文件

1. 《中共中央　国务院关于构建更加完善的要素市场化配置体制机制的意见》（中共中央、国务院，2020 年 3 月 30 日）

2. 《国务院关于印发"十三五"国家信息化规划的通知》（国务院，2016 年 12 月 27 日）

3. 《国务院关于印发促进大数据发展行动纲要的通知》（国务院，2015 年 8 月 31 日）

4. 《国务院关于促进云计算创新发展培育信息产业新业态的意见》（国务院，2015 年 1 月 6 日）

5. 《国家发展改革委　中央网信办印发〈关于推进"上云用数赋智"行动　培育新经济发展实施方案〉的通知》（国家发展改革委、中央网信办，2020 年 4 月 7 日）

6. 《关于加强党政部门云计算服务网络安全管理的意见》（中央网信办，2014 年 12 月 30 日）

7. 《国家发展改革委　工业和信息化部关于做好云计算服务创新发展试点示范工作的通知》（国家发展改革委、工业和信

息化部，2010 年 10 月 18 日）

8.《科技部关于印发〈中国云科技发展"十二五"专项规划〉的通知》（科技部，2012 年 9 月 3 日）

9.《工业和信息化部关于印发〈推动企业上云实施指南（2018—2020 年）〉的通知》（工业和信息化部，2018 年 7 月 23 日）

10.《工业和信息化部关于印发〈云计算发展三年行动计划（2017—2019 年）〉的通知》（工业和信息化部，2017 年 3 月 30 日）

11.《工业和信息化部办公厅关于印发〈云计算综合标准化体系建设指南〉的通知》（工业和信息化部办公厅，2015 年 10 月 16 日）

12.《工业和信息化部信息化推进司关于印发〈基于云计算的电子政务公共平台顶层设计指南〉的函》（工业和信息化部信息化推进司，2013 年 2 月 20 日）

国内外云计算相关标准简表

一、云计算国内标准简表

序号	标准号	中文标准名称	实施日期
1	GB/T 32399－2015	信息技术　云计算　参考架构	2017 年 1 月 1 日
2	GB/T 32400－2015	信息技术　云计算　概览与词汇	2017 年 1 月 1 日
3	GB/T 34982－2017	云计算数据中心基本要求	2018 年 5 月 1 日
4	GB/T 36325－2018	信息技术　云计算　云服务级别协议基本要求	2019 年 1 月 1 日
5	GB/T 36326－2018	信息技术　云计算　云服务运营通用要求	2019 年 1 月 1 日
6	GB/T 36327－2018	信息技术　云计算　平台即服务（PaaS）应用程序管理要求	2019 年 1 月 1 日
7	GB/T 35301－2017	信息技术　云计算　平台即服务（PaaS）参考架构	2017 年 12 月 29 日
8	GB/T 35293－2017	信息技术　云计算　虚拟机管理通用要求	2018 年 7 月 1 日
9	GB/T 37738－2019	信息技术　云计算　云服务质量评价指标	2020 年 3 月 1 日
10	GB/T 37740－2019	信息技术　云计算　云平台间应用和数据迁移指南	2020 年 3 月 1 日
11	GB/T 37737－2019	信息技术　云计算　分布式块存储系统总体技术要求	2020 年 3 月 1 日
12	GB/T 37739－2019	信息技术　云计算　平台即服务部署要求	2020 年 3 月 1 日
13	GB/T 37736－2019	信息技术　云计算　云资源监控通用要求	2020 年 3 月 1 日
14	GB/T 37732－2019	信息技术　云计算　云存储系统服务接口功能	2020 年 3 月 1 日
15	GB/T 36623－2018	信息技术　云计算　文件服务应用接口	2019 年 4 月 1 日
16	GB/T 37741－2019	信息技术　云计算　云服务交付要求	2020 年 3 月 1 日
17	GB/T 37734－2019	信息技术　云计算　云服务采购指南	2020 年 3 月 1 日
18	GB/T 37735－2019	信息技术　云计算　云服务计量指标	2020 年 3 月 1 日
19	GB/T 31167－2014	信息安全技术　云计算服务安全指南	2015 年 4 月 1 日

续表

序号	标准号	中文标准名称	实施日期
20	GB/T 31168－2014	信息安全技术　云计算服务安全能力要求	2015年4月1日
21	GB/T 34942－2017	信息安全技术　云计算服务安全能力评估方法	2018年5月1日
22	GB/T 35279－2017	信息安全技术　云计算安全参考架构	2018年7月1日
23	GB/T 38249－2019	信息安全技术　政府网站云计算服务安全指南	2020年5月1日
24	GB/T 37972－2019	信息安全技术　云计算服务运行监管框架	2020年3月1日
25	GB/T 33780.1－2017	基于云计算的电子政务公共平台技术规范　第1部分:系统架构	2017年12月1日
26	GB/T 33780.2－2017	基于云计算的电子政务公共平台技术规范　第2部分:功能和性能	2017年12月1日
27	GB/T 33780.3－2017	基于云计算的电子政务公共平台技术规范　第3部分:系统和数据接口	2017年12月1日
28	GB/T 33780.6－2017	基于云计算的电子政务公共平台技术规范　第6部分:服务测试	2017年12月1日
29	GB/T 34077.1－2017	基于云计算的电子政务公共平台管理规范　第1部分:服务质量评估	2017年11月1日
30	GB/T 34077.5－2020	基于云计算的电子政务公共平台管理规范　第5部分:技术服务体系	2021年4月1日
31	GB/T 34078.1－2017	基于云计算的电子政务公共平台总体规范　第1部分:术语和定义	2017年11月1日
32	GB/T 34079.3－2017	基于云计算的电子政务公共平台服务规范　第3部分:数据管理	2017年11月1日
33	GB/T 34080.1－2017	基于云计算的电子政务公共平台安全规范　第1部分:总体要求	2017年11月1日
34	GB/T 34080.2－2017	基于云计算的电子政务公共平台安全规范　第2部分:信息资源安全	2017年11月1日

二、云计算国际标准简表

序号	标准号	名　称
1	ISO/IEC 17788:2014	Information technology-Cloud computing-Overview and vocabulary
2	ISO/IEC 17789:2014	Information technology-Cloud computing-Reference architecture
3	ISO/IEC 19944:2017	Information technology-Cloud computing-Cloud services and devices: Data flow, data categories and data use
4	ISO/IEC 19086 – 1: 2016	Information technology-Cloud computing-Service level agreement (SLA) framework-Part 1: Overview and concepts
5	ISO/IEC 19086 – 2: 2018	Cloud computing-Service level agreement (SLA) framework-Part 2: Metric model
6	ISO/IEC 19086 – 3: 2017	Information technology-Cloud computing-Service level agreement (SLA) framework-Part 3: Core conformance requirements
7	ISO/IEC 19086 – 4: 2019	Cloud computing-Service level agreement (SLA) framework-Part 4: Components of security and of protection of PII
8	ISO/IEC 19941: 2017	Information technology-Cloud computing-Interoperability and portability

参考文献

1. 中国信息通信研究院：《云计算发展白皮书（2019年）》，2019年。

2. 中国信息通信研究院：《云计算发展白皮书（2020年）》，2020年。

3. 中国信息通信研究院：《工业互联网产业经济发展报告（2020年）》，2020年。

4. 工业和信息化部、国家标准化管理委员会：《工业互联网综合标准化体系建设指南》，2019年。

5. 阿里云计算有限公司、中国电子技术标准化研究院：《边缘云计算技术及标准化白皮书（2018）》，2018年。

6. 工业和信息化部：《云资源运维管理功能技术要求》（YD/T 3054－2016），2016年。

7. 张洪波：《云计算服务平台的运行和维护方案研究》，《数字通信世界》2018年12期。

8. 施巍松、张星洲、王一帆、张庆阳：《边缘计算：现状与展望》，《计算机研究与发展》2019年第1期。

9. 姜文超、陈仁坦、刘轩：《企业上云发展现状及路径研究》,《新型工业化》2020 年第 4 期。

10. 苏越:《云网融合现状与趋势分析》,http://www.caict.ac.cn/pphd/zb/2018kxy/15pm/6/201808/t20180815_181952.htm。

后　记

为帮助广大干部学懂、弄通、善用云计算技术，更好地提升领导现代化建设能力，我们组织业内专家编写了《信息技术前沿知识干部读本·云计算》一书。本书的编写在部委、行业、高校专家的指导下完成，围绕云计算的基本概念、发展概况、技术原理、产业应用与发展前景等方面对云计算进行了全面通俗的解读。

本书由工业和信息化部审定，中国工业互联网研究院组织编写、院长徐晓兰牵头协调。参与本书编写工作的主要人员有：沃天宇、罗彦林、李超、宋有美。对本书进行审读的专家有（按姓氏笔画排序）：王伟、王莉、王建民、吕卫锋、刘伟、杜军、李炜、李云春、张彦、张云勇、武永卫、姚羽、黄河燕、温红子。

在本书策划出版过程中，党建读物出版社给予了具体指导。有关单位提供了宝贵资料。在此，一并表示感谢！

本书不足之处，敬请批评指正。

本书编写组

2021 年 3 月

图书在版编目（CIP）数据

云计算/《云计算》编写组编著. —北京 ： 党建读物出版社，2021.4

信息技术前沿知识干部读本

ISBN 978 - 7 - 5099 - 1372 - 7

Ⅰ. ①云… Ⅱ. ①云… Ⅲ. ①云计算—干部教育—自学参考资料 Ⅳ. ①TP393. 027

中国版本图书馆 CIP 数据核字（2021）第 038656 号

云计算

YUNJISUAN

本书编写组　编著

责任编辑：朱瑞婷

责任校对：钱玲娣

封面设计：李志伟

出版发行：党建读物出版社

地　　址：北京市西城区西长安街 80 号东楼 （邮编：100815）

网　　址：http://www.djcb71.com

电　　话：010 - 58589989/9947

经　　销：新华书店

印　　刷：保定市中画美凯印刷有限公司

2021 年 4 月第 1 版　2021 年 4 月第 1 次印刷

710 毫米×1000 毫米　16 开本　11.25 印张　108 千字

ISBN 978 - 7 - 5099 - 1372 - 7　定价：29.00 元